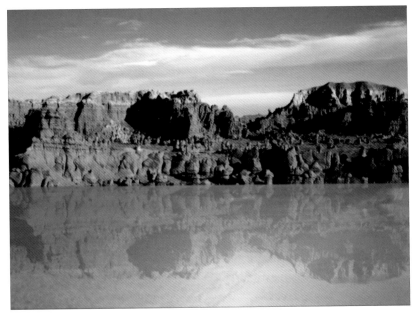

1	
2	4
	5
3	6

1. 镜像效果
2. 自然风光
3. 脱色特效
4. 美丽夜景
5. 立体相框
6. 飞舞的蒲公英

1. 变形画面
2. 海底世界
3. 节目片头

1. 水墨画
2. 怀旧老电影
3. 超重低音效果

1~6. 制作儿歌 MV

1	2	3
7		4
8		5
9		6
10	11	12

7~12. 制作糕点相册

糖果甜点

Premiere Pro CC
影视编辑
标准教程

微课版

互联网＋数字艺术教育研究院 策划

潘强 主编 何佳 副主编

人民邮电出版社

北 京

图书在版编目（CIP）数据

Premiere Pro CC影视编辑标准教程：微课版 / 潘强主编. -- 北京：人民邮电出版社，2016.3（2020.12重印）
ISBN 978-7-115-41699-5

Ⅰ. ①P… Ⅱ. ①潘… Ⅲ. ①视频编辑软件－教材
Ⅳ. ①TN94

中国版本图书馆CIP数据核字(2016)第025007号

内 容 提 要

　　本书全面系统地介绍了 Premiere Pro CC 的基本操作方法及影视编辑技巧，包括数字视频，初识 Premiere Pro CC，影视剪辑技术，视频转场效果，视频特效应用，调色、抠像与叠加，字幕与字幕特技，加入音频效果，文件输出和综合案例实训。本书既突出基础知识的学习，又重视实践性应用。

　　本书将案例融入软件功能的介绍过程中，力求通过课堂案例演练，使学生快速掌握软件的应用技巧；在学习基础知识和基本操作后，通过课后习题实践，拓展学生的实际应用能力。在本书的最后一章，精心安排了专业设计公司的几个精彩案例，力求通过这些实例的制作，使学生提高艺术设计创意能力。

　　本书适合作为高等院校数字艺术、计算机等相关专业的教材，也可作为相关人员的自学参考书。

◆　主　　编　潘　强
　　副主编　何　佳
　　责任编辑　邹文波
　　执行编辑　税梦玲
　　责任印制　彭志环

◆　人民邮电出版社出版发行　　北京市丰台区成寿寺路 11 号
　　邮编　100164　　电子邮件　315@ptpress.com.cn
　　网址　http://www.ptpress.com.cn
　　北京鑫正大印刷有限公司印刷

◆　开本：787×1092　1/16　　　　彩插：2
　　印张：19.25　　　　　　　　　2016 年 3 月第 1 版
　　字数：556 千字　　　　　　　2020 年 12 月北京第 13 次印刷

定价：45.00 元

读者服务热线：(010)81055256　印装质量热线：(010)81055316
反盗版热线：(010)81055315

前言 / FOREWORD

编写目的

Premiere 功能强大、易学易用，深受广大影视制作爱好者和影视后期编辑人员的喜爱。为了让读者能够快速且牢固地掌握 Premiere 软件，人民邮电出版社充分发挥在线教育方面的技术优势、内容优势、人才优势，潜心研究，为读者提供一种"纸质图书+在线课程"相配套，全方位学习 Premiere 软件的解决方案。读者可根据个人需求，利用图书和"微课云课堂"平台上的在线课程进行碎片化、移动化的学习，以便快速全面地掌握 Premiere 软件以及与之相关联的其他软件。

平台支撑

"微课云课堂"目前包含近 50 000 个微课视频，在资源展现上分为"微课云""云课堂"两种形式。"微课云"是该平台中所有微课的集中展示区，用户可随需选择；"云课堂"是在现有微课云的基础上，为用户组建的推荐课程群，用户可以在"云课堂"中按推荐的课程进行系统化学习，或者将"微课云"中的内容进行自由组合，定制符合自己需求的课程。

◇ "微课云课堂"主要特点

微课资源海量，持续不断更新："微课云课堂"充分利用了出版社在信息技术领域的优势，以人民邮电出版社 60 多年的发展积累为基础，将资源经过分类、整理、加工以及微课化之后提供给用户。

资源精心分类，方便自主学习："微课云课堂"相当于一个庞大的微课视频资源库，按照门类进行一级和二级分类，以及难度等级分类，不同专业、不同层次的用户均可以在平台中搜索自己需要或者感兴趣的内容资源。

多终端自适应，碎片化移动化：绝大部分微课时长不超过十分钟，可以满足读者碎片化学习的需要；平台支持多终端自适应显示，除了在 PC 端使用外，用户还可以在移动端随心所欲地进行学习。

FOREWORD

◇   "微课云课堂"使用方法

扫描封面上的二维码或者直接登录"微课云课堂"（www.ryweike.com）→用手机号码注册→在用户中心输入本书激活码（7da99ac3），将本书包含的微课资源添加到个人账户，获取永久在线观看本课程微课视频的权限。

此外，购买本书的读者还将获得一年期价值 168 元的 VIP 会员资格，可以免费学习 50 000 个微课视频。

内容特点

本书章节内容按照"课堂案例—软件功能解析—课堂练习—课后习题"这一思路进行编排，且在本书最后一章设置了专业设计公司的 2 个商业实例，以帮助读者综合应用所学知识。

课堂案例：精心挑选课堂案例，通过对课堂案例的详细操作，使读者快速熟悉软件基本操作和设计基本思路。

软件功能解析：在对软件的基本操作有一定了解之后，再通过对软件具体功能的详细解析，帮助读者深入掌握该功能。

课堂练习和课后习题：为帮助读者巩固所学知识，设置了课堂练习这一环节，同时为了拓展读者的实际应用能力，设置了难度略为提升的课后习题。

资源下载

为方便读者线下学习或教师教学，本书提供书中所有案例的微课视频、基本素材和效果文件，以及教学大纲、PPT 课件、教学教案等资料，用户请登录微课云课堂网站并激活本课程，进入下图所示界面，单击"下载地址"进行下载。

致　　谢

本书由互联网+数字艺术教育研究院策划，由潘强任主编，何佳任副主编，张雅琼完成了第 7 章和第 8 章的编写工作，在此对张雅琼表示感谢。另外，相关专业制作公司的设计师为本书提供了很多精彩的商业案例，也在此表示感谢。

编　者

2015 年 10 月

目录

CONTENTS

CONTENTS

CONTENTS

Chapter

1

第 1 章
数字视频

本章对数字视频的概念、理论以及线性编辑与非线性编辑进行详细讲解。通过对本章的学习，读者可以快速了解数字视频的基础知识，为后续章节的学习打下基础。

课堂学习目标

- 了解数字视频的概念和理论
- 了解线性编辑与非线性编辑
- 了解非线性编辑的基本工作流程

1.1 数字视频基本概念

数字视频就是以数字形式记录的视频，和模拟视频相对。数字视频有不同的产生方式、存储方式和播出方式。如通过数字摄像机直接产生数字视频信号，存储在数字带、P2 卡、蓝资源包或者磁盘上，从而得到不同格式的数字视频。通过 PC、特定的播放器等播放出来。

数字视频系统的基础是模拟视频系统。为了存储视觉信息，模拟视频信号的山峰和山谷必须通过模拟/数字（A/D）转换器来转变为数字的"0"或"1"，这个转变过程就是视频捕捉（或采集过程）。如果要在电视机上观看数字视频，则需要一个从数字到模拟的转换器将二进制信息解码成模拟信号，才能进行播放。

模拟视频的数字化包括不少技术问题，如电视信号具有不同的制式而且采用复合的 YUV 信号方式，而计算机工作在 RGB 空间；电视机是隔行扫描，计算机显示器大多逐行扫描；电视图像的分辨率与显示器的分辨率也不尽相同等。因此，模拟视频的数字化主要包括色彩空间的转换、光栅扫描的转换以及分辨率的统一。

模拟视频一般采用分量数字化方式，先把复合视频信号中的亮度和色度分离，得到 YUV 或 YIQ 分量，然后用 3 个模/数转换器对 3 个分量分别进行数字化，最后再转换成 RGB 空间。

1.2 数字视频理论

1.2.1 电视制式

目前全世界正在使用的有 3 种电视制式，分别是 NTSC（National Television System Committee）、PAL（Phase Alternation By Line）和 SECAM，如表 1-1 所示，这 3 种制式之间存在一定的差异。在各个地区购买的摄像机或电视机，以及其他的一些视频设备，都会根据当地的标准来制造。不过，如果是要制作在国际上使用的内容，或者想在作品上插入外国制作的内容，就必须要考虑到制式的问题了。虽然各种制式相互之间可以转换，但因为存在帧频和分辨率的差异，在品质方面会存在一定的问题。SECAM 制式只能用于电视，在使用 SECAM 制作的国家都使用 PAL 制式的摄像机和数字设备。在这里要特别注意视频制式与录像磁带制式的不同。例如，VHS 制式的视频可以被录制成 NTSC 或者 PAL 制的视频形式。

表 1-1　基本模拟视频制式和典型连接方式

播放制式	国家	水平线	帧数
NTSC	美国、加拿大、日本、韩国等	525 线	29.97 帧/秒
PAL	澳大利亚、中国、欧洲、拉美等	625 线	25 帧/秒
SECAM	法国、中东、非洲大部分国家	625 线	25 帧/秒

1.2.2 标清与高清

标清是物理分辨率在 720p 以下的一种视频格式。720p 是指视频的垂直分辨率为 720 线逐行扫描。具体地说，分辨率在 400 线左右的 VCD、DVD、电视节目等"标清"视频格式，即标准清晰度。

720p 是美国电影电视工程师协会（SMPTE）制定的高等级高清数字电视的格式标准，有效显示格式为 1280×720p/60Hz，行频为 45kHz。SMPTE（美国电影电视工程协会）将数字高清信号数字电视扫描线的不同分为 1080p、1080i、720p（i 是 interlace，隔行的意思，p 是 progressive，逐行的意思）。720p 是一种在逐行扫描下达到 1280×720 的分辨率的显示格式，是数字电影成像技术和计算机技术的融合。

对于"高清"和"标清"的划分首先来自于所能看到的视频效果。根据图像质量和信道传输所占的带宽不同，数字电视信号分为 HDTV（高清晰度电视）、SDTV（标准清晰度电视）和 LDTV（普通清晰度电视）。从视觉效果来看，HDTV 的规格最高，其图像质量可达到或接近 35mm 宽银幕电影的水平，它要求视频内容和显示设备水平分辨率达到 1000 线以上，分辨率最高可达 1920×1080。从画质来看，由于高清的分辨率基本上相当于传统模拟电视的 4 倍，画面清晰度、色彩还原度都要远胜过传统电视。而 16:9 的宽屏显示也带来更宽广的视觉享受。从音频效果看，高清电视节目将支持杜比 5.1 声道环绕声，而高清影片节目将支持杜比 5.1 True HD 规格，将带来超震撼的听觉享受。

1.2.3　2K 和 4K

2K 和 4K 是标准在高清之上的数字视频格式。2K 图像是由 2048×1080 个像素构成的，其中 2048 表示水平方向的像素数，1080 表示垂直方向的像素数；4K 图像是由 4096×2160 个像素构成的，其中 4096 表示水平方向的像素数，2160 表示垂直方向的像素数。在实际的数字母版制作和数字放映中，还需根据不同的画幅宽高比对图像水平方向或垂直方向的像素数进行调整。

4K 级别的分辨率可提供 880 多万像素，实现电影级的画质，相当于当前顶级的 1080p 分辨率的 4 倍还多。当然超高清的代价也是不菲的，每一帧的数据量都达到了 50MB，因此无论解码播放还是编辑都需要顶级配置的机器。

1.2.4　流媒体与移动流媒体

1. 流媒体

流媒体指在 Intranet 中使用流式传输技术的连续时基媒体，如音频、视频或多媒体文件。流媒体在播放前并不下载整个文件，只将开始部分内容存入内存，流式媒体的数据流随时传送随时播放，只是在开始时有一些延迟。流媒体实现的关键技术就是流式传输。

流式传输定义很广泛，主要指通过网络传送媒体，其特定含义为通过 Internet 将影视节目传送到 PC。实现流式传输有两种方法：顺序流式传输和实时流式传输。顺序流式传输是顺序下载，在下载文件的同时用户可观看在线媒体，但在给定时刻只能观看已下载的那部分，而不能跳到还未下载的部分，在传输期间不根据连接的速度对下载顺序做调整。实时流式传输指保证媒体信号带宽与网络连接匹配，使媒体可被实时观看到。实时流式传输根据网络情况调整输出音视频的质量从而实现媒体的持续实时传送，可快进或后退以观看前面或后面的内容。

目前主流的流媒体格式有 Flash Video、Windows Media 和 QuickTime。使用带有解码器的播放器可以到其相应的主页或各种带有流媒体的网站在线播放流媒体。使用最新版的播放器可以在线收看高清流媒体视频节目。

2. 移动流媒体

采用 Symbian、Windows Phone、Android、iOS 等系统的手机越来越多，这些智能手机除了能完成日常通信外，还能通过下载流媒体播放器实现流媒体播放。这种在移动设备上实现的视频播放功能就是移动流媒体。移动流媒体播放的视频一般是以 rtsp//:开头的，播放格式是 3GP 格式。

1.3 线性编辑与非线性编辑

1.3.1 线性编辑

线性编辑就是需要按时间顺序从头至尾进行编辑的节目制作方式。这种编辑方式要求编辑人员首先编辑素材的第一个镜头，最后编辑结尾的镜头。编辑人员必须对一系列镜头的组接做出确切的判断，事先做好构思，因为一旦编辑完成，就不能轻易改变这些镜头的组接顺序。对编辑带的任何改动，都会直接影响到记录在编辑带上的信号，从改动点以后直至结尾的所有部分都将受到影响，需要重新编一次或者进行复制。新闻片制作、现场直播和现场直录宜选用线性编辑。

1. 优点

线性编辑的优点：

- 可以很好地保护原来的素材，能多次使用；
- 不损伤磁带，能发挥磁带随意录、随意抹去的特点，降低制作成本；
- 能保持同步与控制信号的连续性，组接平稳，不会出现不连续、图像跳闪的感觉；
- 可以迅速而准确地找到最适当的编辑点，正式编辑前可预先检查，编辑后可立刻观看编辑效果，发现不妥可马上修改；
- 声音与图像可以做到完全吻合，还可各自分别进行修改。

2. 缺点

线性编辑的缺点：

- 素材不可能做到随机存取，素材的选择浪费时间，影响编辑效率；
- 模拟信号经多次复制，衰减严重，声画质量降低；
- 难以对半成品完成随意插入或删除等操作；
- 所需设备较多，安装调试较为复杂；
- 较为生硬的人机界面限制制作人员创造性的发挥。

1.3.2 非线性编辑

非线性编辑系统是指把输入的各种视音频信号进行模拟/数字（A/D）转换，采用数字压缩技术将其存入计算机硬盘中；也就是使用硬盘作为存储介质，记录数字化的视音频信号，在 1/25s（PAL）内完成任意一副画面的随机读取和存储，实现视音频编辑的非线性。复杂的制作宜选用非线性编辑。

1. 优点

非线性编辑的优点：

- 无论如何处理或者编辑，信号质量将是始终如一的；
- 素材的搜索极其容易，可自由组合特技方式，提高了制作水平；
- 后期制作所需的设备降至最少，有效地节约了投资，大大延长了录像机的寿命；
- 易于升级，支持许多第三方的硬件、软件；
- 可充分利用网络传输数码视频，实现资源共享。

2. 缺点

非线性编辑的缺点：

- 系统的操作与传统不同，专业化性强；
- 受硬盘容量限制，记录内容有限；
- 实时制作受到技术制约，特技等内容不能太复杂；
- 图像信号压缩有损失；
- 需预先把素材导入非线性编辑系统之中。

1.4 非线性编辑的基本工作流程

任何非线性编辑的工作流程，都可以简单地看成输入、编辑、输出这样 3 个步骤。当然由于不同软件功能的差异，其使用流程还可以进一步细化。以 Premiere Pro 为例，其使用流程主要分成如下 5 个步骤。

1．素材采集与输入

采集就是利用 Premiere Pro 将模拟视频、音频信号转换成数字信号存储到计算机中，或者将外部的数字视频存储到计算机中，成为可处理的素材。输入主要是把其他软件处理过的图像、声音等文件导入到 Premiere Pro 中。

2．素材编辑

素材编辑就是设置素材的入点与出点，以选择最合适的部分，然后按时间顺序组接不同素材的过程。

3．特技处理

对于视频素材，特技处理包括转场、特效、合成叠加。对于音频素材，特技处理包括转场、特效。令人震撼的画面效果，就是在这一过程中产生的。而非线性编辑软件功能的强弱，往往也体现在这方面。配合某些硬件，Premiere Pro 还能够实现特技播放。

4．字幕制作

字幕是节目中非常重要的部分，它包括文字和图形两个方面。Premiere Pro 中制作字幕很方便，几乎没有无法实现的效果，并且还有大量的模板可以选择。

5．输出和生成

节目编辑完成后，就可以输出回录到录像带上；也可以生成视频文件，发布到网上、刻录 VCD 和 DVD 等。

2

第 2 章
初识 Premiere Pro CC

本章对 Premiere Pro CC 的各种面板、菜单命令和基本操作进行详细讲解。通过对本章的学习，读者可以快速了解并掌握 Premiere Pro CC 的入门知识，为后续章节的学习打下坚实的基础。

课堂学习目标

- 了解 Premiere 的发展历史
- 熟悉 Premiere Pro CC 的面板和菜单
- 掌握 Premiere Pro CC 的基本操作

2.1 Premiere 的发展历史

Premiere 最早是 Adobe 公司开发的视频编辑软件，经历了十几年的发展，被业界广泛认可，成为数字视频领域普及程度最高的编辑软件之一。

1993 年，Adobe 公司推出了 Premiere 的早期版本 Premiere for Windows。那时的 Premiere 功能十分简单，只有两个视频轨道和一个立体声音频轨道。随着奔腾处理器的出现，PC 的性能也随之发展，1995 年 6 月，Adobe 公司推出了 Premiere for Windows 3.0，这个版本实现了很多专业非编辑软件的功能。为了巩固 Premiere 的低端市场并力求占领高端市场，Adobe 公司于 2003 年 7 月发布了 Premiere 的第 7 个版本——Premiere Pro，相对于以前的版本来说是革命性的进步，将之前的 A/B 轨编辑模式变为更加专业的音轨编辑模式，并实现序列嵌套，还加入了新的色彩校正系统和强大的音频控制系统等高级功能。2013 年 7 月，Creative Cloud 版本问世，Premiere Pro CC 作为 Creative Cloud 中的一个组件，可以单独使用，也可配合其他组件形成一整套工作流，并首次支持中文版本。

2.2 Premiere Pro CC 概述

初学 Premiere Pro CC 的读者在启动 Premiere Pro CC 后，可能会对工作窗口或面板感到束手无策。本节将对用户操作界面、"项目"面板、"时间轴"面板、"监视器"面板和其他面板及菜单命令进行详细讲解。

2.2.1 认识用户操作界面

Premiere Pro CC 用户操作界面如图 2-1 所示。

图 2-1

从图中可以看出，Premiere Pro CC 的用户操作界面由标题栏、菜单栏、"源"/"效果控件"/"音频剪辑混合器"面板组、"节目"面板、"项目"/"历史记录"/"效果"面板组、"时间轴"面板、"音频仪表"面板和"工具"面板等组成。

2.2.2 熟悉"项目"面板

"项目"面板主要用于输入、组织和存放供"时间轴"面板编辑合成的原始素材，如图 2-2 所示。按 <Ctrl>+<PageUp>组合键，切换到列表的状态，如图 2-3 所示。单击"项目"面板右上方的 ▼≡ 按钮，在弹出的菜单中可以选择面板及相关功能的显示/隐藏方式，如图 2-4 所示。

图 2-2   图 2-3   图 2-4

在图标状态时，将光标置于视频图标上左右移动，可以查看不同时间点的视频内容。

在列表状态时，可以查看素材的基本属性，包括素材的名称、媒体格式、视音频信息和数据量等。

在"项目"面板下方的工具栏中共有 10 个功能按钮，从左至右分别为"列表视图"按钮 ▤、"图标视图"按钮 ▣、"缩小"按钮 ▲、"放大"按钮 ◢、"排序图标"按钮 ◆、"自动匹配序列"按钮 ▥、"查找"按钮 ○、"新建素材箱"按钮 □、"新建项"按钮 ▣ 和"清除"按钮 ▥。各按钮的含义如下。

- "列表视图"按钮 ▤：单击此按钮可以将素材窗中的素材以列表形式显示。
- "图标视图"按钮 ▣：单击此按钮可以将素材窗中的素材以图标形式显示。
- "缩小"按钮 ▲：单击此按钮可以将项目窗口中的素材缩小。
- "放大"按钮 ◢：单击此按钮可以将项目窗口中的素材放大。
- "排序图标"按钮 ◆：在图标状态下对项目素材根据不同的方式排序。
- "自动匹配列"按钮 ▥：单击此按钮可以将素材自动调整到时间轴。
- "查找"按钮 ○：单击此按钮可以按提示快速查找素材。
- "新建素材箱"按钮 □：单击此按钮可以新建文件夹以便管理素材。
- "新建项"按钮 ▣：分类文件中包含多项不同素材的名称文件，单击此按钮可以为素材添加分类，以便更有序地进行管理。
- "清除"按钮 ▥：选中不需要的文件，单击此按钮，即可将其删除。

2.2.3 认识"时间轴"面板

"时间轴"面板是 Premiere Pro CC 的核心部分，在编辑影片的过程中，大部分工作都是在"时间轴"面板中完成的。通过"时间轴"面板，用户可以轻松地实现对素材的剪辑、插入、复制、粘贴和修整等操作，如图 2-5 所示。

- "将序列作为嵌套或个别剪辑插入并覆盖"按钮 ⌐：单击此按钮，可以将序列作为一个嵌套或个别的剪辑文件插入时间轴并覆盖文件。
- "吸附"按钮 ⌐：单击此按钮可以启动吸附功能，这时在"时间轴"面板中拖动素材，素材将自动吸附到邻近素材的边缘。
- "添加标记"按钮 ▼：单击此按钮，可以在当前帧的位置上设置标记。
- "时间轴显示设置"按钮 ⚒：可以设置时间轴面板的显示选项。

- "轨道锁定开关"按钮 🔒：单击该按钮，当按钮变成 🔒 状时，当前的轨道被锁定，处于不能编辑状态；当按钮变成 ⬜ 状时，可以编辑操作该轨道。
- "切换轨道输出"按钮 👁：单击此按钮，可以设置是否在监视窗口显示该影片。
- "静音轨道"按钮 M：激活该按钮，可以静音，反之则是播放声音。
- "独奏轨道"按钮 S：激活该按钮，可以设置独奏轨道。
- "折叠－展开轨道"：双击右侧的空白图标 ⬜，或滚动鼠标滑轮，可以隐藏/展开视频轨道工具栏或音频轨道工具栏。
- "显示关键帧"按钮 ◈：单击此按钮，可以选择显示当前关键帧的方式。
- "转到下一关键帧"按钮 ▶：设置时间指针定位在被选素材轨道上的下一个关键帧上。
- "添加－移除关键帧"按钮 ◈：在时间指针所处的位置上，或在轨道中被选素材的当前位置上添加/移除关键帧。
- "转到前一关键帧"按钮 ◀：设置时间指针定位在被选素材轨道上的上一个关键帧上。
- 滑块 ▮ Ⅲ ▮：放大/缩小音频轨道中关键帧的显示程度。
- 时间码 **00:00:00:00**：在这里显示播放影片的进度。
- 节目标签：单击相应的标签可以在不同的节目间相互切换。
- 轨道面板：对轨道的退缩、锁定等参数进行设置。
- 时间标尺：对剪辑的组进行时间定位。
- 窗口菜单：对时间单位及剪辑参数进行设置。
- 视频轨道：为影片进行视频剪辑的轨道。
- 音频轨道：为影片进行音频剪辑的轨道。

图 2-5

2.2.4　认识"监视器"面板

监视器窗口分为"源"窗口和"节目"窗口，分别如图 2-6 和图 2-7 所示，所有编辑或未编辑的影片片段都在监视器窗口显示效果。

- "添加标记"按钮 🔻：设置影片片段未编号标记。
- "标记入点"按钮 ｛：设置当前影片位置的起始点。
- "标记出点"按钮 ｝：设置当前影片位置的结束点。
- "转到入点"按钮 ｛←：单击此按钮，可将时间标记 🔻 移到起始点位置。
- "逐帧后退"按钮 ◀｜：此按钮是对素材进行逐帧倒播的控制按钮，每单击一次该按钮，播放就会后退一帧，按住<Shift>键的同时单击此按钮，每次后退 5 帧。

- "播放－停止切换"按钮 ► / ■ ：控制监视器窗口中素材的时候，单击此按钮会从监视窗口中时间标记 的当前位置开始播放；在"节目"监视器窗口中，在播放时按<J>键可以进行倒播。
- "逐帧前进"按钮 ►| ：此按钮是对素材进行逐帧播放的控制按钮。每单击一次该按钮，播放就会前进 1 帧，按住<Shift>键的同时单击此按钮，每次前进 5 帧。
- "转到出点"按钮 →| ：单击此按钮，可将时间标记 移到结束点位置。
- "插入"按钮 ：单击此按钮，当插入一段影片时，重叠的片段将后移。
- "覆盖"按钮 ：单击此按钮，当插入一段影片时，重叠的片段将被覆盖。
- "提升"按钮 ：用于将轨道上入点与出点之间的内容删除，删除之后仍然留有空间。
- "提取"按钮 ：用于将轨道上入点与出点之间的内容删除，删除之后不留空间，后面的素材会自动连接前面的素材。
- "导出帧"按钮 📷 ：可导出一帧的影视画面。

图 2-6

图 2-7

分别单击面板右下方的"按钮编辑器"按钮 ，弹出图 2-8 和图 2-9 所示的面板，面板中包含一些已有和未显示的按钮。

图 2-8

图 2-9

- "清除入点"按钮 ：清除设置的标记入点。
- "清除出点"按钮 ：清除设置的标记出点。
- "从入点播放到出点"按钮 ：在播放素材时，单击此按钮，只在定义的入点与出点之间播放素材。
- "转到下一标记"按钮 ：调整时差滑块移动到当前位置的下一个标记处。
- "转到上一标记"按钮 ：调整时差滑块移动到当前位置的前一个标记处。
- "播放邻近区域"按钮 ：单击此按钮，将播放时间标记 的当前位置前后 2 秒的内容。
- "循环"按钮 ：单击此按钮，监视窗口就会不断循环播放素材，直至按下停止按钮。

- "安全边距"按钮 ▢：单击该按钮为影片设置安全边界线，以防影片画面太大播放不完整，再次单击可隐藏安全线。
- "隐藏字幕显示"按钮 ▢：可隐藏字幕显示效果。
- "转到下一个编辑点"按钮 →|：表示转到同一轨道上当前编辑点的后一个编辑点。
- "转到上一个编辑点"按钮 |←：表示转到同一轨道上当前编辑点的前一个编辑点。
- "多机位录制开/关"按钮 ●：控制多机位录制的开/关。
- "切换多机位视图"按钮 ▱：打开/关闭多机位视图。

用户可以直接将面板中需要的按钮拖曳到下面的显示框中，如图 2-10 所示；松开鼠标，按钮将被添加到面板中，如图 2-11 所示。单击"确定"按钮，所选按钮显示在面板中，如图 2-12 所示。用户可以用相同的方法添加多个按钮，如图 2-13 所示。

若要恢复默认的布局，再次单击面板右下方的"按钮编辑器"按钮 ✚，在弹出的面板中选择"重新布局"按钮，再单击"确定"按钮，即可恢复。

图 2-10

图 2-11

图 2-12

图 2-13

2.2.5　其他功能面板概述

除了以上介绍的面板，在 Premiere Pro CC 中还提供了其他一些方便编辑操作的功能面板，下面逐一进行介绍。

1."效果"面板

"效果"面板存放着 Premiere Pro CC 自带的各种音频特效、视频特效和预设的特效，这些特效按照功能分为 5 大类，包括音频特效、视频特效、音频切换效果、视频切换效果及预置特效。每一类又按照效果细分为很多小类，如图 2-14 所示。用户安装的第三方特效插件也将出现在该面板的相应类别文件中。

图 2-14

默认设置下，"效果"面板与"历史记录"面板、"信息"面板合并为一个面板组，单击"效果"标签，即可切换到"效果"面板。

2."效果控件"面板

同"效果"面板一样，在 Premiere Pro CC 的默认设置下，"效果控件"与"源"监视器面板、"音频剪辑混合器"面板合为一个面板组。"效果控件"面板主要用于控制对象的运动、不透明度、切换及特效等设置，如图 2-15 所示。当为某一段素材添加了音频、视频或转场特效后，就需要在该面板中进行相应的参数设置和添加关键帧，画面的运动特效也在这里进行设置，该面板会根据素材和特效的不同显示不同的内容。

3."音轨混合器"面板

该面板可以更加有效地调节项目的音频，可以实时混合各轨道的音频对象，如图 2-16 所示。

图 2-15

图 2-16

4."历史记录"面板

"历史记录"面板可以记录用户从建立项目开始以来进行的所有操作，如果在执行了错误操作后单击该面板中相应的命令，即可撤销错误的操作并重新返回到错误操作之前的某一个状态，如图 2-17 所示。

5."信息"面板

在 Premiere Pro CC 中，"信息"面板作为一个独立面板显示，其主要功能是集中显示所选定素材对象的各项信息。不同对象的"信息"面板的内容也不尽相同，如图 2-18 所示。

图 2-17

图 2-18

默认设置下，"信息"面板是空白的，如果在"时间轴"面板中放入一个素材并选中它，"信息"面板将显示选中素材的信息，如果有过渡，则显示过渡的信息；如果选定的是一段视频素材，"信息"面板将显示该素材的类型、持续时间、帧速率、入点、出点及光标的位置；如果是静止图片，"信息"面板将显示素材的类型、持续时间、帧速率、开始点、结束点及光标的位置。

6. "工具"面板

"工具"面板主要用来对时间轴中的音频和视频等内容进行编辑，如图 2-19 所示。

图 2-19

2.2.6 Premiere 菜单命令介绍

1. "文件"菜单

"文件"菜单包括的子菜单如图 2-20 所示，主要用于新建、打开、保存、导入、导出节目以及页面设置、采集视频、采集音频、观看影片属性、打印内容等。

图 2-20

● "新建"子菜单包括以下 15 个子命令。

> ➢ "项目"：可以创建一个新的项目文件。
> ➢ "序列"：可以创建一个新的合成序列，从而进行编辑合成。
> ➢ "来自剪辑的序列"：使用文件中已有的序列来新建序列。
> ➢ "素材箱"：在项目面板中创建项目文件夹。
> ➢ "脱机文件"：创建离线编辑的文件。
> ➢ "调整图层"：在项目面板中创建调整图层。
> ➢ "字幕"：建立一个新的字幕窗口。
> ➢ "Photoshop 文件"：建立一个 Photoshop 文件，系统会自动启动 Photoshop 软件。
> ➢ "彩条"：在此可以建立一个 10 帧的色条片段。
> ➢ "黑场视频"：可以建立一个黑屏文件。
> ➢ "颜色遮罩"：在"时间轴"窗口中叠加特技效果的时候，为被叠加的素材设置固定的背景色彩。
> ➢ "隐藏字幕"：可以新建隐藏字幕文件。
> ➢ "HD 彩条"：用来创建 HD 彩条文件。
> ➢ "通用倒计时片头"：用来创建倒计时的视频素材。
> ➢ "透明视频"：用来创建透明的视频素材文件。

- "打开项目"：打开已经存在的项目、素材或影片等文件。
- "打开最近使用的内容"：打开最近编辑过的文件。
- "在 Adobe Bridge 中浏览"：用于浏览需要的项目文件，在打开另一个项目文件或新建项目文件前，用户最好先将当前项目保存。
- "关闭项目"：关闭当前操作的项目文件。
- "关闭"：关闭当前选取的面板。
- "保存"：将当前正在编辑的文件项目或字幕以原来的文件名进行保存。
- "另存为"：将当前正在编辑的文件项目或字幕以新的文件进行保存。
- "保存副本"：将当前正在编辑的文件项目或字幕以副本的形式进行保存。
- "还原"：放弃对当前文件项目的编辑，使项目回到最近的存储状态。
- "同步设置"：可保持多台计算机的常规首选项、键盘快捷键和预设等设置同步。
- "捕捉"：打开"捕捉"对话框，设置视频捕捉选项。
- "批量捕捉"：打开"批量捕捉"对话框，设置相应选项。
- "Adobe 动态链接"：使用该命令可以使 Premiere 与 After Effects 更加有机地结合起来。
- "Adobe Story"：使用该命令可以使 Premiere 与 Story 更加有机地结合起来。
- "Adobe Anywhere"：弹出"登录"面板，登录 Anywhere，让各视频团队有效协作并跨标准网络访问共享媒体。
- "发送到 Adobe SpeedGrade(s)…"：将选取的序列保存为 Adobe SpeedGrade 格式的文件。
- "从媒体浏览器导入"：从媒体浏览器中导入素材。
- "导入"：在当前的文件中导入需要的外部素材文件。
- "导入批处理列表"：用于将 Premiere 格式的批量列表导出到硬盘中。只有视频/音频媒体数据才能导出成批量的列表。
- "导入最近使用的文件"：列出最近时期内的所有软件中导入的文件，如果要重复使用，在此可以直接导入使用。

- "导出"：用于将工作区域栏中的内容以设定的格式输出为图像、影片、单帧、音频文件或字幕文件等。
- "获取属性"：可以从中了解影片的详细信息，如文件的大小、视频 / 音频的轨道数目、影片长度、平均的帧率、音频的各种指示与有关的压缩设置等。
- "在 Adobe Bridge 中显示"：执行该命令，可以在 Bridge 管理器中显示最新的影片。
- "项目设置"：用于设置当前项目文件的一些基本参数，包括"常规"和"暂存盘"两个子命令，如图 2-21 所示。
- "项目管理"：用于管理项目文件或使用的素材，它可以排除未使用的素材，同时可以将项目文件与未使用的素材进行搜集并放置在同一个文件夹中。
- "退出"：选择该命令，将退出 Premiere Pro CC 程序。

| 常规(G)... |
| 暂存盘(S)... |

图 2-21

2. "编辑"菜单

"编辑"菜单包括的内容如图 2-22 所示，主要用于复制、粘贴、剪切、撤销和清除等参数设置。

编辑(E)	
撤消(U)	Ctrl+Z
重做(R)	Ctrl+Shift+Z
剪切(T)	Ctrl+X
复制(Y)	Ctrl+C
粘贴(P)	Ctrl+V
粘贴插入(I)	Ctrl+Shift+V
粘贴属性(B)...	Ctrl+Alt+V
清除(E)	Backspace
波纹删除(T)	Shift+Delete
重复(C)	Ctrl+Shift+/
全选(A)	Ctrl+A
选择所有匹配项	
取消全选(D)	Ctrl+Shift+A
查找(F)...	Ctrl+F
查找脸部	
标签(L)	▶
移除未使用资源(R)	
编辑原始(O)	Ctrl+E
在 Adobe Audition 中编辑	▶
在 Adobe Photoshop 中编辑(H)	
快捷键(K)...	
首选项(N)	▶

图 2-22

- "撤销"：用于取消上一步的操作，返回到上一步之前的编辑状态。
- "重做"：用于恢复撤销操作前的状态，避免重复性操作。该命令与撤销命令的次数理论上是无限次的，但具体次数取决于计算机的内存容量大小。
- "剪切"：将当前文件直接剪切到其他地方，原文件不存在。
- "复制"：将当前文件复制，原文件依旧保留。
- "粘贴"：将剪切或复制的文件粘贴到相应的位置。
- "粘贴插入"：将剪切或复制的文件在指定的位置以插入的方式粘贴。
- "粘贴属性"：将其他素材片段上的一些属性粘贴到选定的素材片段上，这些属性包括一些过渡特技、滤镜和设置的一些运动效果等。
- "清除"：用于消除选中的内容。
- "波纹删除"：可以删除两个素材之间的间距，所有未锁定的剪辑都会移动并填补这个空隙，即被删除素材后面的内容将自动向前移动。
- "重复"：复制"项目"面板中选定的素材，以创建其副本。
- "全选"：选定当前窗口中的所有素材或对象。
- "选择所有匹配项"：选择所有匹配的项目和对象。
- "取消全选"：取消对当前窗口所有素材或对象的选定。
- "查找"：根据名称、标签、类型、持续时间或出入点在"项目"面板中定位素材。
- "查找脸部"：根据文件名或字符串进行快速查找。
- "标签"：该命令用于定义"时间轴"面板中素材片段的标签颜色。在"时间轴"上选中素材片段后，再选择"标签"子菜单中的任意一种颜色，即可改变素材片段的标签颜色。
- "移除未使用资源"：选择该命令，可以从"项目"面板中删除整个项目中未被使用的素材，这样可以减小文件的大小。

● "编辑原始"：用于将选中的原始素材在外部程序软件（如 Adobe Photoshop 等）中进行编辑。此操作将改变原始素材。

● "在 Adobe Audition 中编辑"：选择该命令，可在 Adobe Audition 中编辑声音素材。

● "在 Adobe Photoshop 中编辑"：选择该命令，可在 Adobe Photoshop 中编辑图像素材。

● "快捷键"：该命令可以分别为应用程序、窗口和工具等进行键盘快捷键设置。

● "首选项"：用于对保存格式和自动保存等一系列的环镜参数进行设置。

3. "剪辑"菜单

"剪辑"菜单中包括了大部分的剪辑影片命令，如图 2-23 所示。

● "重命令"：将选定的素材重新命名。

● "制作子剪辑"：在"源素材"面板中为当前编辑的素材创建子素材。

● "编辑子剪辑"：用于编辑子素材的切入点和切出点。

● "编辑脱机"：对脱机素材进行注释编辑。

● "源设置"：用于对外部的采集设备进行设置。

● "修改"：对源素材的音频声道、视频参数及时间码进行修改。

● "视频选项"：设置视频素材的各选项，如图 2-24 所示，其子菜单命令介绍如下。

　　➢ "帧定格"：设置一个素材的入点、出点或 0 标记点的帧保持静止。

　　➢ "场选项"：冻结帧时，场的交互设置。

　　➢ "帧混合"：使视频前后帧之间交叉重叠，通常情况下是被选中的。

　　➢ "缩放为帧大小"：在"时间轴"面板中选中一段素材，选择该命令，所选素材在节目监视器窗口中将自动满屏。

● "音频选项"：调整音频素材的各选项，如图 2-25 所示，其子菜单命令介绍如下。

　　➢ "音频增益"：提高或降低音量。

　　➢ "拆分为单声道"：从剪辑的立体声或 5.1 环绕音频声道创建单声道音频主剪辑。

　　➢ "渲染和替换"：创建并替换选定的音频剪辑。

　　➢ "提取音频"：在源素材中提取音频素材，提取后的音频素材格式为 MAV。

图 2-23

图 2-24

图 2-25

● "分析内容"：快速分析、编码素材。

● "速度/持续时间"：用于设置素材播放速度。

● "移除效果"：可移除运动、不透明度、音频和音量等关键帧动画。

- "捕捉设置"：设置素材时的控制参数。
- "插入"：将"项目"面板中的素材或"来源"监视器面板中已经设置好入点与出点的素材插入"时间轴"面板中时间标记所在的位置。
- "覆盖"：将"项目"面板中的素材或在"来源"监视器面板中已经设置好入点与出点的素材，插入到"时间轴"面板中时间标记所在的位置，并覆盖该位置原有的素材片段。
- "链接媒体"：用于将"项目"面板中的素材与外部的视频文件、音频文件和网络媒介等链接起来。
- "造成脱机"：该命令与"链接媒体"命令相对立，用于取消"项目"面板中的素材与外部视频文件、音频文件和网络等媒介的链接。
- "替换素材"：用新选择的素材文件替换"项目"窗口中指定的旧素材。
- "替换为剪辑"：此命令包含 3 个子菜单命令，如图 2-26 所示，其子菜单命令介绍如下。

> 从源监视器(S)
> 从源监视器，匹配帧(M)
> **从素材箱(B)**
>
> 图 2-26

  - ➢ "从源监视器"：将当前素材替换为"Source"窗口中的素材。
  - ➢ "从源监视器，匹配帧"：将当前素材替换为"Source"窗口中的素材，并选择与其时间相同的素材进行匹配。
  - ➢ "从素材箱"：从该素材的源路径进行相关的素材替换。
- "自动匹配序列"：将"项目"面板中选定的素材按顺序自动排列到"时间轴"面板的轨道上。
- "启用"：激活当前选中的素材。
- "链接"：选择该命令，在"时间轴"面板中解除视频和音频文件的链接。
- "编组"：将影片中的几个素材暂时组合成一个整体。
- "取消编组"：将影片中组合成一个整体的素材分解成多个片段。
- "同步"：按照起始时间、结束时间或时间码，将"时间轴"面板中的素材对齐。
- "合并剪辑"：将多个素材合并为一个素材。
- "嵌套"：从时间轴轨道中选择一组素材，将它们打包成一个序列。
- "创建多机位源序列"：将多个素材创建为一个多机位源序列。
- "多机位"：可用于从 4 个不同的视频源编辑多个影视片段。

4. "序列"菜单

"序列"菜单主要用在"时间轴"窗口中对项目片段进行编辑、管理和设置轨道属性等操作，如图 2-27 所示。

- "序列设置"：更改序列参数，如视频制式、播放速率和画面尺寸等。
- "渲染工作区域内的效果"：渲染和预览指定工作区内的素材。
- "渲染完整工作区域"：渲染和预览整个工作区内的素材。
- "渲染选择项"：只渲染选择的素材。
- "渲染音频"：只渲染音频素材。
- "删除渲染文件"：删除所有与当前项目工程关联的渲染文件。
- "删除工作区域渲染文件"：删除工作区指定的渲染文件。
- "匹配帧"：在"源"面板中显示时间标记 当前位置所匹配的帧图像。
- "添加编辑"：以当前时间指针为起点，切断在"时间轴"上当前轨道中的素材。
- "添加编辑到所有轨道"：以当前时间指针为起点，切断在"时间轴"上所有轨道的素材。

- "修剪编辑"：在"时间轴"面板中修剪素材。
- "将所选编辑点扩展到播放指示器"：将素材中选择的编辑点伸缩到指示器位置。
- "应用视频过渡"：此命令主要用于视频素材的转换。
- "应用音频过渡"：此命令主要用于音频素材的转换。
- "应用默认过渡到选择项"：将默认的过渡效果应用到所选择的素材。
- "提升"：此命令主要是将监视器窗口中所选定的源素材插入到编辑线所在的位置。
- "提取"：此命令主要是将监视器窗口中所选定的源素材覆盖到编辑线所在位置的素材上。
- "放大/缩小"：对"时间轴"窗口中时间显示比例进行放大和缩小，方便对视频和音频片段的编辑。
- "转到间隔"：跳转到序列或轨道中的下一段或前一段。
- "对齐"：此命令主要用来设置是否让选择的素材具有吸附效果，将素材的边缘自动对齐。
- "通过编辑显示"：切换显示/隐藏通过编辑，启用后序列中的所有通过编辑均显示有一个指示通过编辑的白色小三角形。
- "标准化主轨道"：统一设置主音频的音量值。
- "添加轨道"：此命令主要用来增加序列的编辑轨道。
- "删除轨道"：此命令主要用来删除序列的编辑轨道。

图 2-27

5. "标记"菜单

"标记"菜单主要用于对"时间轴"面板中的素材标记和监视器中的素材标记进行编辑处理，如图 2-28 所示。

- "标记入点 / 出点"：在"时间轴"面板中设置视频和音频素材的入点或出点。
- "标记剪辑"：在"时间轴"面板中标记视频和音频素材。
- "标记选择项"：在"时间轴"面板中选择标记素材。
- "标记拆分"：在"源"窗口中拆分视频和音频的入点和出点。
- "转到入点 / 出点"：使用此命令指向某个素材标记，如转到下一个标记入点或出点。此命令只有在设置完素材标记以后方可使用。
- "转到拆分"：在"源"窗口将时间标记跳转到拆分的音频或视频的入点或出点。
- "清除入点 / 出点"：清除标记的入点或出点。
- "清除入点和出点"：清除标记的入点和出点。
- "添加标记"：在时间标记▼的当前位置为素材添加标记。
- "转到下一标记"：将时间标记▼跳转到下一个标记处。
- "转到上一标记"：将时间标记▼跳转到上一个标记处。

图 2-28

- "清除当前标记"：清除时间标记所在位置的标记。
- "清除所有标记"：清除"时间轴"面板中的所有标记。
- "编辑标记"：使用该命令可以编辑时间轴标记，如指定超链接和编辑注释等。
- "添加章节标记"：设定 Encore 标记，如场景和主菜单等。
- "添加 Flash 提示标记"：设置 Flash 交互式提示标记。

6. "字幕" 菜单

"字幕"菜单包括的内容如图 2-29 所示，主要用于对打开的字幕进行编辑。双击素材库中的某个字幕文件，打开字幕窗口进行编辑。

- "新建字幕"：该命令用于创建一个字幕文件。
- "字体"：设置当前"字幕工具"面板中字幕的字体。
- "大小"：设置当前"字幕工具"面板中字幕的大小。
- "文字对齐"：设置字幕文字的对齐方式，包括左对齐、居中和右对齐。
- "方向"：设置字幕的排列方向，包括水平和垂直。
- "自动换行"：设置"字幕工具"面板中字幕是否根据自定义文本框自动换行。
- "制表位"：设置"字幕工具"面板中制表定位符。
- "模板"：Premiere 为用户提供了丰富的模板，使用该命令可以打开字幕模板。
- "滚动/游动选项"：设置字幕文字滚动方式。
- "图形"：用于在字幕中插入或编辑图形。
- "变换"：用于精确设置字幕中文字的位置、大小、旋转和不透明度。
- "选择"：用于轮回选择"字幕工具"面板中的对象，共有 4 个选项可供选择，包括"上层的第一个对象""上层的下一个对象""下层的第一个对象"和"下层的最后一个对象"。
- "排列"：改变当前文字的排列方式，共有 4 个选项可供选择，包括"放置最上层""上移一层""放置最下层"和"下移一层"。
- "位置"：设置字幕在"字幕工具"面板中的位置，共有 3 个选项可供选择，包括"水平居中""垂直居中"和"下方三分之一处"。
- "对齐对象"：将文字对齐当前"字幕工具"面板中的指定对象。
- "分布对象"：设置"字幕工具"面板中选定对象的分布方式。
- "视图"：用于选择"字幕工具"面板的视图显示方式，如"动作安全框""字幕安全框""字幕基线"和"制表符标记"等。

7. "窗口" 菜单

"窗口"菜单主要用于管理工作区域的各个窗口，如图 2-30 所示，包括工作区的设置、历史面板、工具面板、效果面板、时间轴面板、源监视器窗口、效果控件窗口、节目监视器窗口和项目面板等。

图 2-29

图 2-30

- "工作区"：用于切换不同模式的工作窗口。该命令包括 "编辑"模式、"编辑（CS5.5）"模式、"元数据记录"模式、"效果"模式、"组件""音频""颜色校正"模式、"新建工作区""删除工作区""重置当前工作区"和"导入项目中的工作区"，如图 2-31 所示。
- "扩展"：用于打开扩展面板。
- "最大化框架"：可将选取的窗口最大化显示。再次选择可恢复窗口的大小。
- "Adobe Story"：打开"Adobe Story"登录界面，登录到用户的 Story 账户。
- "事件"：用于显示"事件"对话框，图 2-32 所示为"事件"窗口的操作界面，用于记录项目编辑过程中的事件。

图 2-31

图 2-32

- "信息"：用于显示或关闭"信息"面板，该面板中显示的是当前所选素材的文件名、类型和时间长度等信息。
- "修剪监视器"：用于显示或关闭"修剪监视器"窗口，该窗口主要用于对图像进行修整处理。
- "元数据"：显示/隐藏元数据信息面板。
- "历史记录"：用于显示"历史"面板，该面板记录了从建立项目开始以来所进行的所有操作。
- "参考监视器"：用于显示或关闭"参考监视器"窗口，该窗口用于对编辑的图像进行实时的监控。
- "媒体浏览器"：显示/隐藏媒体浏览窗口。
- "字幕"：用于显示或关闭"字幕"面板，该面板主要用于设置字幕的类型、对齐、显示方式和位置等。
- "字幕动作"：用于显示或关闭"字幕动作"面板，该面板主要用于对单个或者多个对象进行对齐、排列和分布的调整。
- "字幕属性"：用于显示或关闭"字幕属性"面板，在"字幕属性"面板中，还提供了多种针对文字字体、文字尺寸、外观和其他基本属性的参数设置。
- "字幕工具"：用于显示或关闭"字幕工具"面板，这里存放着一些与标题字幕制作相关的工具，利用这些工具，可以加入标题文本，还可以绘制简单的几何图形。
- "字幕样式"：用于显示或关闭"字幕样式"面板，该面板中显示了系统所提供的所有字幕样式。
- "字幕设计器"：用于显示或关闭"字幕设计器"面板，在该面板中可以看到所输入文字的最终效果，也可以对当前对象进行简单的操作设计。
- "工具"：用于显示或关闭"工具"面板，该面板中包含了一些在进行视频编辑操作时常用的工具，它是一个独立的活动窗口，单独显示在工作界面上。
- "捕捉"：用于打开"捕捉"对话框，设置捕捉的入点、出点、剪辑数据和捕捉位置等。
- "效果"：用于切换及显示"效果"面板，该面板集合了音频特效、视频特效、音频切换效果、视频切换效果和预置特效的功能，可以很方便地为时间轴窗口中的素材添加特效。

- "效果控件"：用于切换及显示"特效控制"面板，该面板中的命令用于设置添加到素材中的特效。
- "时间码"：用于显示或关闭"时间码"窗口，该窗口用于显示时间标记所在位置。
- "时间轴"：用于显示或关闭"时间轴"窗口，该窗口按照时间顺序组合"项目"窗口中的各种素材片段，是制作影视节目的编辑窗口。
- "标记"：用于显示或关闭"标记"窗口，该窗口按照时间顺序显示所有标记的相关信息。
- "源监视器"：用于显示或关闭"源监视器"窗口，在该窗口中可以对"项目"窗口中的素材进行预览，还可以剪辑素材片段等。
- "编辑到磁带"：用于打开"编辑到磁带"面板，设置媒体信息、设备控制、保存和删除预设等。
- "节目监视器"：用于显示或关闭"节目监视器"窗口，通过"节目监视器"窗口，可对编辑的素材进行实时的预览。
- "选项"：用于显示或关闭"选项"窗口。
- "音轨混合器"：主要用于完成对音频素材的各种处理，如混合音频轨道、调整各声道音量平衡和录音等。
- "音频仪表"：用于关闭或开启"音频仪表"面板，该面板主要对音频素材的主声道进行电平显示。
- "音频剪辑混合器"：主要用于剪辑音频素材。
- "项目"：用于显示或关闭"项目"窗口，该窗口用于引入原始素材，对原始素材片段进行组织和管理，并且可以用多种显示方式显示每个片段，包含缩略图、名称、注释说明和标签等属性。

8. "帮助"菜单

"帮助"菜单如图 2-33 所示，主要用于帮助用户解决遇到的问题，与其他软件中的"帮助"菜单功能相同。

- "Adobe Premiere Pro 帮助"：选择该命令，将打开"Adobe Community Help"对话框，如图 2-34 所示。在该对话框中，用户可以获取所需要的帮助信息。

图 2-33

图 2-34

- "Adobe Premiere Pro 支持中心"：联网后可获取"Adobe Premiere Pro CC"的技术支持。
- "Adobe 产品改进计划"：联网后可获取 Adobe 的产品升级信息。

- "键盘"：选择该命令，可以在弹出的"Adobe Community Help"对话框中获取关于 Keyboard shortcuts 的帮助信息。
- "完成/更新 Adobe ID 配置文件"：在线注册软件。
- "登录"：选择该命令将打开 Adobe 的网站，可以寻求帮助。
- "更新"：在线更新软件程序。
- "关于 Adobe Premiere Pro"：显示 Premiere Pro CC 的版本信息。

2.3 Premiere Pro CC 的基本操作

本节将详细讲解项目文件的处理，如新建项目文件、打开现有项目文件；对象的操作，如素材的导入、移动、删除和对齐等。这些基本操作对于后期制作至关重要。

2.3.1 项目文件操作

在启动 Premiere Pro CC 开始进行影视制作时，必须先创建新的项目文件或打开已存在的项目文件，这是 Premiere Pro CC 最基本的操作之一。

1. 新建项目文件

新建项目文件分为两种：一种是启动 Premiere Pro CC 时直接新建一个项目文件，另一种是在 Premiere Pro CC 已经启动的情况下新建项目文件。

2. 在启动 Premiere Pro CC 时新建项目文件

在启动 Premiere Pro CC 时新建项目文件的具体操作步骤如下。

STEP 1 选择"开始 > 所有程序 > Adobe Premiere Pro CC"命令，或双击桌面上的 Adobe Premiere Pro CC 快捷图标，弹出启动窗口，单击"新建项目"按钮，如图 2-35 所示。弹出"新建项目"对话框，如图 2-36 所示。

图 2-35

图 2-36

STEP 2 在"常规"选项卡中设置名称、位置、视频渲染和回放、视频、音频及捕捉格式等。单击"位置"选项右侧的"浏览"按钮，在弹出的对话框中选择项目文件保存路径。在"名称"选项的文本框中设置项目名称。单击"确定"按钮，即可创建一个新的项目文件。

3. 利用菜单命令新建项目文件

如果 Premiere Pro CC 已经启动，此时，可利用菜单命令新建项目文件，具体操作步骤如下。

选择"文件 > 新建 > 项目"命令，如图 2-37 所示，或按<Ctrl>+<Alt>+<N>组合键，在弹出的"新建项目"对话框中按照上述方法选择合适的设置，单击"确定"按钮即可。

图 2-37

4. 打开已有的项目文件

要打开一个已存在的项目文件进行编辑或修改，可以使用以下 4 种方法。

● 通过启动窗口打开项目文件。启动 Premiere Pro CC，在弹出的启动窗口中单击"打开项目"按钮，如图 2-38 所示，在弹出的对话框中选择需要打开的项目文件，如图 2-39 所示，单击"打开"按钮，即可打开已选择的项目文件。

图 2-38

图 2-39

● 通过启动窗口打开最近编辑过的项目文件。启动 Premiere Pro CC，在弹出的启动窗口的"打开最近项目"选项中单击需要打开的项目文件，如图 2-40 所示，即可打开最近保存过的项目文件。

图 2-40

● 利用菜单命令打开项目文件。在 Premiere Pro CC 程序窗口中选择"文件 > 打开项目"命令，如图 2-41 所示，或按<Ctrl>+<O>组合键，在弹出的对话框中选择需要打开的项目文件，如图 2-42 所示，单击"打开"按钮，即可打开所选的项目文件。

图 2-41   图 2-42

● 利用菜单命令打开近期的项目文件。Premiere Pro CC 会将近期打开过的文件保存在"文件"菜单中，选择"文件 > 打开最近使用的内容"命令，在其子菜单中选择需要打开的项目文件，如图 2-43 所示。

图 2-43

5. 保存项目文件

文件的保存是文件编辑的重要环节，在 Adobe Premiere Pro CC 中，以何种方式保存文件对图像文件以后的使用有直接的关系。

刚启动 Premiere Pro CC 软件时，系统会提示用户先保存一个设置了参数的项目，因此，对于编辑过的项目，直接选择"文件 > 保存"命令或按<Ctrl>+<S>组合键，即可直接保存。另外，系统还会隔一段时间自动保存一次项目。

除此方法外，Premiere Pro CC 还提供了"另存为"和"保存副本"命令。

保存项目文件副本的具体操作步骤如下。

STEP 1 选择"文件 > 另存为"命令（或按<Ctrl>+ <Shift >+<S>组合键），或者选择"文件 > 保存副本"命令（或按<Ctrl>+ <Alt>+<S>组合键），弹出"保存项目"对话框。

STEP 2 在上方位置选项的下拉列表中选择保存路径。

STEP 3 在"文件名"选项的文本框中输入文件名。

STEP 4 单击"保存"按钮即可保存项目文件。

6. 关闭项目文件

如果要关闭当前项目文件，选择"文件 > 关闭项目"命令即可。其中，如果对当前文件做了修改却尚未保存，系统将会弹出如图 2-44 所示的提示对话框，询问是否要保存该项目文件所做的修改。单击"是"按钮，保存项目文件，单击"否"按钮，则不保存文件并直接退出项目文件。

图 2-44

2.3.2　撤销与恢复操作

通常情况下，一个完整的项目需要经过反复地调整、修改与比较才能完成，因此，Premiere Pro CC 为用户提供了"撤销"与"重做"命令。

在编辑视频或音频时，如果用户的上一步操作是错误的，或对操作得到的效果不满意，选择"编辑 > 撤销"命令即可撤销该操作，如果连续选择此命令，则可连续撤销前面的多步操作。

如果要取消撤销操作，可选择"编辑 > 重做"命令。例如，删除一个素材，通过"撤销"命令来撤销操作后，如果还想将这些素材片段删除，则只要选择"编辑 > 重做"命令即可。

2.3.3　设置自动保存

设置自动保存功能的具体操作步骤如下。

STEP 1　选择"编辑 > 首选项 > 自动保存"命令，弹出"首选项"对话框，如图 2-45 所示。

图 2-45

STEP 2　在"首选项"对话框的"自动保存"选项区域中，根据需要设置"自动保存时间间隔"及"最大项目版本"的数值，如在"自动保存时间间隔"文本框中输入 20，在"最大项目版本"文本框中输入 5，即表示每隔 20 分钟将自动保存一次，而且只存储最后 5 次存盘的项目文件。

STEP 3　设置完成后，单击"确定"按钮退出对话框，返回到工作界面。这样，在以后的编辑过程中，系统就会按照设置的参数自动保存文件，用户就可以不必担心由于意外而造成工作数据的丢失。

2.3.4　自定义设置

Premiere Pro CC 预置为影片剪辑人员提供了常用的 DV-NTSC 和 DV-PAL 设置。如果需要自定义项目设置，可在对话框中切换到"自定义设置"选项卡，进行参数设置；如果运行 Premiere Pro CC 过程中需要改变项目设置，则需选择"文件 > 项目设置 > 常规"命令。

在"常规"选项卡中，可以对影片的编辑模式、时间基数、视频和音频等基本指标进行设置，如图 2-46 所示。

- "视频"：显示视频素材的格式信息。
- "音频"：显示音频素材的格式信息。

- "捕捉"：用来设置捕捉格式信息。
- "动作与字幕安全区域"：可以设置字幕和动作影像安全框的显示范围，以设置数值的百分比计算。

图 2-46

2.3.5　导入素材

Premiere Pro CC 支持大部分主流的视频、音频以及图像文件格式，一般的导入方式为选择"文件 > 导入"命令，在"导入"对话框中选择所需要的文件格式和文件即可，如图 2-47 所示。

1. 导入图层文件

以素材的方式导入图层的设置方法如下。选择"文件 > 导入"命令，在"导入"对话框中选择 Photoshop、Illustrator 等含有图层的格式文件，选择需要导入的文件，单击"打开"按钮，会弹出如图 2-48 所示的对话框。

"导入分层文件"：设置 PSD 图层素材导入的方式，可选择"合并所有图层""合并的图层""各个图层"或"序列"。

图 2-47

图 2-48

本例选择"序列"选项，如图 2-49 所示，单击"确定"按钮，在"项目"窗口中会自动产生一个文件夹，其中包括序列文件和图层素材，如图 2-50 所示。

图 2-49

图 2-50

以序列的方式导入图层后，会按照图层的排列方式自动产生一个序列，可以打开该序列设置动画，进行编辑。

2. 导入图片

序列文件是一种非常重要的源素材，它由若干幅按序排列的图片组成，记录活动影片，每幅图片代表 1 帧。通常可以在 3ds Max、After Effects、Combustion 软件中产生序列文件，然后再导入 Premiere Pro CC 中使用。

序列文件以数字序号为序进行排列。当导入序列文件时，应在"首选项"对话框中设置图片的帧速率，也可以在导入序列文件后，在解释素材对话框中改变帧速率。导入序列文件的方法如下。

STEP 1 在"项目"窗口的空白区域双击，弹出"导入"对话框，找到序列文件所在的目录，勾选"图像序列"复选框，如图 2-51 所示。

STEP 2 单击"打开"按钮，导入素材。序列文件导入后的状态如图 2-52 所示。

图 2-51

图 2-52

2.3.6　解释素材

对于项目的素材文件，可以通过解释素材来修改其属性。在"剪辑"窗口中的素材上单击鼠标右键，在弹出的快捷菜单中选择"修改 > 解释素材"命令，弹出"修改剪辑"对话框，如图 2-53 所示。

1. 设置帧速率

在"帧速率"选项区域中可以设置影片的帧速率。选择"使用文件中的帧速率"，则使用影片的原始帧速率，剪辑人员也可以在"采用此帧速率"选项的数值框中输入新的帧速率，下方的"持续时间"选项显示影片的长度。改变帧速率，影片的长度也会发生改变。

2. 设置像素长宽比

一般情况下，选择"使用文件中的像素长宽比"选项，使用影片素材的原像素宽高比。剪辑人员也可以通过"符合"选项的下拉列表重新指定像素宽高比。

3. 设置透明通道

用户可以在"Alpha 通道"选项区域中对素材的透明通道进行设置，在 Premiere Pro CC 中导入带有透明通道的文件时，会自动识别该通道。勾选"忽略 Alpha 通道"复选框，忽略 Alpha 通道；勾选"反转 Alpha 通道"复选框，保存透明通道中的信息，同时也保存可见的 RGB 通道中的相同信息。

4. 观察素材属性

Premiere Pro CC 提供了属性分析功能，利用该功能，剪辑人员可以了解素材的详细信息，包括素材的片段延时、文件大小和平均速率等。在"项目"窗口或者序列中的素材上单击鼠标右键，在弹出的快捷菜单中选择"属性"命令，弹出"属性"对话框，如图 2-54 所示。

图 2-53

图 2-54

在该对话框中详细列出了当前素材的各项属性，如源素材路径、文件数据量、媒体格式、帧尺寸、持续时间和使用状况等。数据图表中水平轴以帧为单位列出对象的持续时间，垂直轴显示对象每一个时间单位的数据率和采样率。

2.3.7 改变素材名称

在"项目"窗口中的素材上单击鼠标右键，在弹出的快捷菜单中选择"重命名"命令，素材会处于可编辑状态，输入新名称即可，如图 2-55 所示。

剪辑人员可以给素材重命名以改变它原来的名称，这在一部影片中重复使用一个素材或复制了一个素材并为之设定新的入点和出点时极其有用。给素材重命名有助于在"项目"窗口和序列中观看一个复制的素材时避免混淆。

2.3.8 利用素材库组织素材

可以在"项目"窗口建立一个素材库（即素材文件夹）来管理素材。使用素材文件夹，可以将节目中的素材分门别类、有条不紊地组织起来，这在组织包含大量素材的复杂节目时特别有用。

单击"项目"窗口下方的"新建素材箱"按钮 ▭，会自动创建新文件夹，如图 2-56 所示，单击此按钮可以返回到上一层级素材列表，依次类推。

图 2-55　　　　　　　　　　　　图 2-56

2.3.9 查找素材

用户可以根据素材的名字、属性或附属的说明和标签在 Premiere Pro CC 的"项目"窗口中搜索素材，如可以查找所有文件格式相同的素材，如*.avi 和*.mp3 等。

单击"项目"窗口下方的"查找"按钮 🔍，或单击鼠标右键，在弹出的快捷菜单中选择"查找"命令，弹出"查找"对话框，如图 2-57 所示。

图 2-57

在"查找"对话框中选择查找的素材属性，可按照素材的名称、媒体类型和卷标等属性进行查找。在"匹配"选项的下拉列表中，可以选择查找的关键字是全部匹配还是部分匹配，若勾选"区分大小写"复选框，则必须将关键字的大小写输入正确。

在对话框右侧的文本框中输入查找素材的属性关键字。例如，要查找图片文件，可选择查找的属性为"名称"，在文本框中输入"JPEG"或其他文件格式的后缀，然后单击"查找"按钮，系统会自动找到"项目"窗口中的图片文件。如果"项目"窗口中有多个图片文件，可再次单击"查找"按钮查找下一个图片文件。单击"完成"按钮，可退出"查找"对话框。

提示

除了可以查找"项目"窗口的素材，还可以使序列中的影片自动定位，找到其项目中的源素材。在"时间轴"窗口中的素材上单击鼠标右键，在弹出的快捷菜单中选择"在项目中显示"，如图2-58所示，即可找到"项目"窗口中的相应素材，如图2-59所示。

图 2-58

图 2-59

2.3.10 离线素材

当打开一个项目文件时，系统若提示找不到源素材，如图 2-60 所示，这可能是源文件被改名或存在磁盘上的位置发生了变化造成的。用户可以直接在磁盘上找到源素材，然后单击"选择"按钮，也可以单击"跳过"按钮选择略过素材，或单击"脱机"按钮，建立离线文件代替源素材。

由于 Premiere Pro CC 使用直接方式进行工作，因此，如果磁盘上的源文件被删除或者移动，就会发生在项目中无法找到其磁盘源文件的情况。此时，可以建立一个离线文件。离线文件具有和其所替换的源文件相同的属性，可以对其进行同普通素材完全相同的操作。当找到所需文件后，可以用该文件替换离线文件，以进行正常编辑。离线文件实际上起到一个占位符的作用，它可以暂时占据丢失文件所处的位置。

图 2-60

在"项目"窗口中单击"新建项"按钮 ⚃ ，在弹出的列表中选择"脱机文件"选项，弹出"新建脱机文件"对话框,如图 2-61 所示,设置相关的参数后,单击"确定"按钮,弹出"脱机文件"对话框,如图 2-62 所示。

　　在"包含"选项的下拉列表中可以选择建立含有影像和声音的离线素材,或者仅含有其中一项的离线素材;在"音频格式"选项中设置音频的声道;在"磁带名称"选项的文本框中输入磁带卷标;在"文件名"选项的文本框中指定离线素材的名称;在"描述"选项的文本框中可以输入一些备注;在"场景"文本框中输入注释离线素材与源文件场景的关联信息;在"拍摄/获取"文本框中说明拍摄信息;在"记录注释"文本框中记录离线素材的日志信息;在"时间码"选项区域中可以指定离线素材的时间。

　　如果要以实际素材替换离线素材,则可以在"项目"窗口中的离线素材上单击鼠标右键,在弹出的快捷菜单中选择"链接媒体"命令,在弹出的对话框中指定文件并进行替换。"项目"窗口中离线图标的显示如图 2-63 所示。

图 2-61　　　　　　　　　图 2-62　　　　　　　　　图 2-63

Chapter

3

第 3 章
影视剪辑技术

本章对 Premiere Pro CC 中剪辑影片的基本技术和操作进行详细讲解，其中包括分离素材、群组和嵌套、采集和上载视频，以及使用 Premiere Pro CC 创建新元素的多种方式等。通过本章的学习，读者可以掌握剪辑技术的使用方法和应用技巧。

课堂学习目标

- 掌握使用软件剪辑、分离素材的方法

- 了解群组、捕捉和上载视频的技巧

- 掌握创建新元素的方法

3.1 使用 Premiere Pro CC 剪辑素材

　　在 Premiere Pro CC 中的编辑过程是非线性的，可以在任何时候插入、复制、替换、传递和删除素材片段，还可以采取各种各样的顺序和效果进行试验，并在合成最终影片或输出到磁带前进行预演。

　　用户在 Premiere Pro CC 中使用监视器窗口和"时间轴"窗口编辑素材。监视器窗口用于观看素材和完成的影片，设置素材的入点和出点等；"时间轴"窗口用于建立序列、安排素材、分离素材、插入素材、合成素材和混合音频等。使用监视器窗口和"时间轴"窗口编辑影片时，同时还会使用一些相关的其他窗口和面板。

　　在一般情况下，Premiere Pro CC 会从头至尾地播放一个音频素材或视频素材。用户可以使用剪辑窗口或监视器窗口改变一个素材的开始帧和结束帧，或改变静止图像素材的长度。Premiere Pro CC 中的监视器窗口可以对原始素材和序列进行剪辑。

3.1.1 课堂案例——美丽夜景

⊕ 案例学习目标

学习导入视频文件。

⊕ 案例知识要点

使用"导入"命令导入视频文件；使用"位置""缩放"选项编辑视频文件的位置与大小，并制作动画效果；使用"交叉溶解"命令制作视频之间的转场效果。美丽夜景效果如图 3-1 所示。

⊕ 效果所在位置

资源包/Ch03/美丽夜景.prproj。

图 3-1

1. 编辑视频文件

STEP ⤵ 1 启动 Premiere Pro CC 软件，弹出"欢迎使用 Adobe Premiere Pro"界面，单击"新建项目"按钮 🖳 新建项目... ，弹出"新建项目"对话框，设置"位置"选项，选择保存文件路径，在"名称"文本框中输入文件名"美丽夜景"，如图 3-2 所示，单击"确定"按钮。按 <Ctrl>+<N> 组合键，弹出"新建序列"对话框，在左侧的列表中展开"DV-PAL"选项，选中"标准 48kHz"模式，如图 3-3 所示，单击"确定"按钮。

美丽夜景 1

STEP ⤵ 2 选择"文件 > 导入"命令，弹出"导入"对话框，选择资源包中的"Ch03/美丽夜景/素材/ 01、02、03 和 04"文件，单击"打开"按钮，导入视频文件，如图 3-4 所示。导入后的文件排列在"项目"面板中，如图 3-5 所示。

图 3-2

图 3-3

图 3-4

图 3-5

STEP 3 在"项目"面板中，选中"01"文件并将其拖曳到"时间轴"窗口中的"视频 1"轨道中，如图 3-6 所示。将时间指示器放置在 7:00 s 的位置，在"视频 1"轨道上选中"01"文件，将鼠标指针放在"01"文件的结束位置，当鼠标指针呈┫状时，向前拖曳光标到 7:00 s 的位置上，如图 3-7 所示。

图 3-6

图 3-7

STEP 4 将时间指示器放置在 1:00 s 的位置，选择"效果控件"面板，展开"运动"选项，单击"位置"和"缩放"选项前面的记录动画按钮，如图 3-8 所示，记录第 1 个动画关键帧。将时间指示器放置在 5:00 s 的位置，将"位置"选项设置为 377.0 和 288.0，"缩放"选项设置为 53.0，如图 3-9 所示，记录第 2 个动画关键帧。

图 3-8

图 3-9

STEP 5 在"项目"面板中，选中"02"文件并将其拖曳到"时间轴"窗口中的"视频 1"轨道中，如图 3-10 所示。将时间指示器放置在 7:15 s 的位置，选择"效果控件"面板，展开"运动"选项，将"缩放"选项设置为 53.0，单击"缩放"选项前面的记录动画按钮，如图 3-11 所示，记录第 1 个动画关键帧。将时间指示器放置在 9:20 s 的位置，将"缩放"选项设置为 80.0，如图 3-12 所示，记录第 2 个动画关键帧。

图 3-10

图 3-11

图 3-12

STEP 6 在"项目"面板中，选中"03"文件并将其拖曳到"时间轴"窗口中的"视频 1"轨道中，如图 3-13 所示。将时间指示器放置在 14:00 s 的位置，在"视频 1"轨道上选中"03"文件，将鼠标指针放在"03"文件的结束位置，当鼠标指针呈 状时，向前拖曳光标到 14:00 s 的位置上，如图 3-14 所示。

图 3-13

图 3-14

STEP 7 在"项目"面板中，选中"04"文件并将其拖曳到"时间轴"窗口中的"视频 1"轨道中，如图 3-15 所示。

图 3-15

STEP 8 将时间指示器放置在 16:00 s 的位置，选择"效果控件"面板，展开"运动"选项，将"缩放"选项设置为 53.0，单击"位置"和"缩放"选项前面的记录动画按钮，如图 3-16 所示，记录第 1 个动画关键帧。将时间指示器放置在 20:16 s 的位置，将"位置"选项设置为 360.0 和 233.0，"缩放"选项设置为 100.0，如图 3-17 所示，记录第 2 个动画关键帧。

图 3-16

图 3-17

2. 制作视频转场效果

STEP 1 选择"窗口 > 工作区 > 效果"命令，弹出"效果"面板，展开"视频过渡"特效分类选项，单击"溶解"文件夹前面的三角形按钮 ▶ 将其展开，选中"交叉溶解"特效，如图 3-18 所示。将"交叉溶解"特效拖曳到"时间轴"窗口中的"01"文件的结尾处与"02"文件的开始位置，如图 3-19 所示。

美丽夜景 2

图 3-18

图 3-19

STEP 2 选择"效果"面板，选中"交叉溶解"特效并将其拖曳到"时间轴"窗口中的"02"文件的结尾处与"03"文件的开始位置，如图 3-20 所示。选中"交叉溶解"特效，将其拖曳到"时间轴"窗口中的"04"文件的开始位置，如图 3-21 所示。美丽夜景制作完成，如图 3-22 所示。

图 3-20

图 3-21

图 3-22

3.1.2　认识监视器窗口

在监视器窗口中有两个监视器窗口，"源"监视器窗口与"节目"监视器窗口，分别用来显示素材与作品在编辑时的状况，左边为"源"窗口，显示和设置节目中的素材；右边为"节目"窗口，显示和设置序列。监视器窗口如图 3-23 所示。

图 3-23

在"源"监视器窗口中，单击上方的标题栏或黑色三角按钮，将弹出下拉列表，列表中提供了已经调入"时间轴"窗口中的素材序列表，通过它可以更加快速方便地浏览素材的基本情况，如图 3-24 所示。

用户可以在"源"监视器窗口和"节目"监视器窗口中设置安全区域，这对输出为电视机播放的影片非常有用。

电视机在播放视频图像时，屏幕的边缘会切除部分图像，这种现象叫做"溢出扫描"。不同的电视机溢出的扫描量不同，所以要把图像的重要部分放在安全区域内。在制作影片时，需要将重要的场景元素、演员和图表放在运动安全区域内；将标题和字幕放在标题安全区域内。如图 3-25 所示，位于工作区域外侧的方框为运动安全区域，位于内侧的方框为标题安全区域。

单击"源"监视器窗口或"节目"监视器窗口下方的"安全边距"按钮 ▢ ，可以显示或隐藏监视器窗口中的安全区域。

图 3-24　　　　　　　　　　　　　　　　图 3-25

3.1.3　在"源"监视器视窗中播放素材

不论是已经导入节目的素材还是使用打开命令观看的素材，系统都会将其自动打开在素材视窗中。用户可以在素材视窗播放和观看素材。

如果使用 DV 设备进行编辑，可以单击"节目"窗口右上方的按钮 ▼≡ ，在弹出的列表中选择"回放设置"选项，弹出"回放设置"对话框，如图 3-26 所示。建议把重放时间设置为 DV 硬件支持方式，这样可以加快编辑的速度。

在"项目"和"时间轴"窗口中双击要观看的素材，素材都会自动显示在"源"监视器窗口中。使用窗口下方的工具栏可以对素材进行播放控制，方便查看剪辑，如图 3-27 所示。

当时间标记🛡所对应的监视器处于被激活的状态时，其上显示的时间将会从灰色转变为蓝色。

图 3-26

图 3-27

在不同的时间编码模式下，时间数字的显示模式会有所不同。如果是"无掉帧"模式，各时间单位之间用冒号分隔；如果是"掉帧"模式，各时间单位之间用分号分隔；如果选择"帧"模式，时间单位显示为帧数。

拖曳光标到时间显示的区域并单击，可以从键盘上直接输入数值，改变时间显示，影片会自动跳到输入的时间位置。

如果输入的时间数值之间无间隔符号，如"1234"，则 Premiere Pro CC 会自动将其识别为帧数，并根据所选用的时间编码，将其换算为相应的时间。

窗口右侧的持续时间计数器显示影片入点与出点间的长度，即影片的持续时间，显示为黑色。

缩放列表在"源"监视器窗口或"节目"监视器窗口的正下方，可改变窗口中影片的大小，如图 3-28 所示。用户可以通过放大或缩小影片进行观察，选择"适合"选项，则无论窗口大小，影片都会匹配视窗，完全显示影片内容。

| 适合 |
| 10% |
| 25% |
| 50% |
| 75% |
| 100% |
| 150% |
| 200% |
| 400% |

图 3-28

3.1.4　在其他软件中打开素材

Premiere Pro CC 具有能在其他软件打开素材的功能，用户可以利用该功能在其他兼容软件中打开素材进行观看或编辑。例如，用户可以在 QuickTime 中观看 MOV 影片，可以在 Photoshop 中打开并编辑图像素材。在应用程序中编辑该素材存盘后，在 Premiere Pro CC 中该素材会自动更新。

要在其他应用程序中编辑素材，必须保证计算机中安装了相应的应用程序并且有足够的内存运行该程序。如果是在"项目"窗口编辑的序列图片，则在应用程序中只能打开该序列图片第 1 幅图像；如果是在"时间轴"窗口中编辑的序列图片，则打开的是时间标记所在时间的当前帧画面。

使用其他应用程序编辑素材的方法如下。

STEP 1 在"项目"窗口或"时间轴"窗口中，选中需要编辑的素材。

STEP 2 选择"编辑 > 编辑原始资源"命令。

STEP 3 在打开的应用程序中编辑该素材并保存结果。

STEP 4 返回到 Premiere Pro CC 窗口中，修改后的结果会自动更新到当前素材。

3.1.5　剪辑素材

剪辑可以增加或删除帧，以改变素材的长度。素材开始帧的位置被称为入点，素材结束帧的位置被称为出点。用户可以在"源/节目"监视器窗口和"时间轴"窗口剪辑素材。

1. 在监视器窗口剪辑素材

在"节目"监视器窗口中改变入点和出点的方法如下。

STEP 1 在"节目"监视器窗口中双击要设置入点和出点的素材，将其在"源"监视器窗口中打开。

STEP 2 在"源"监视器窗口中拖动时间标记 或按<空格>键，找到要使用的片段的开始位置。

STEP 3 单击"源"监视器窗口下方的"标记入点"按钮 或按<I>键，"源"监视器窗口中显示当前素材入点画面，"素材"监视器窗口右上方显示入点标记，如图 3-29 所示。

图 3-29

STEP 4 继续播放影片，找到使用片段的结束位置。单击"源"监视器窗口下方"标记出点"按钮 或按<O>键，窗口下方显示当前素材出点。入点和出点间显示为深色，两点之间的片段即入点与出点间的素材片段，如图 3-30 所示。

STEP 5 单击"转到上一标记"按钮 可以自动跳到影片的入点位置，单击"转到下一标记"按钮 可以自动跳到影片出点的位置。

图 3-30

当声音同步要求非常严格时，用户可以为音频素材设置高精度的入点。音频素材的入点可以使用高达 1/600 s 的精度来调节。对于音频素材，入点和出点指示器出现在波形图相应的点处，如图 3-31 所示。

当用户将一个同时含有影像和声音的素材拖曳入"时间轴"窗口中时，该素材的音频和视频部分会被放到相应的轨道中。

用户在为素材设置入点和出点时，对素材的音频和视频部分同时有效，也可以为素材的视频和音频部分单独设置入点和出点。

为素材的视频或音频部分单独设置入点和出点的方法如下。

STEP 1 在"源"监视器窗口中选择要设置入点和出点的素材。

STEP 2 播放影片，找到使用片段的开始或结束位置。

STEP 3 用鼠标右键单击窗口中的标记，在弹出的快捷菜单中选择"标记入点/出点"命令，如图 3-32 所示。

图 3-31   图 3-32

STEP 4 在弹出的子菜单中分别设置链接素材的入点和出点，在"源"监视器窗口和"时间轴"窗口中的形状分别如图 3-33 和图 3-34 所示。

图 3-33   图 3-34

2. 在"时间轴"窗口中剪辑素材

Premiere Pro CC 提供了 4 种编辑片段的工具，分别是"轨道选择"工具 、"内滑"工具 、"外滑"工具 和"滚动编辑"工具 。下面讲解如何应用这些编辑工具。

"轨道选择"工具 可以调整一个片段在其轨道中的持续时间，而不会影响其他片段的持续时间，但会影响到整个节目片段的时间。具体操作步骤如下。

STEP 1 选择"轨道选择"工具 ，在"时间轴"窗口中单击需要编辑的某一个片段。

STEP 2 将鼠标指针移动两个片段的"出点"与"入点"相接处，即两个片段的连接处，左右拖曳光标编辑影片片段，如图 3-35 和图 3-36 所示。

STEP 3 释放鼠标后，需要调整的片段持续时间被调整，轨道上的其他片段持续时间不会变，但整个节目所持续的时间随着调整片段的增加或缩短而发生了相应的变化。

图 3-35

图 3-36

"内滑"工具 可以使两个片段的入点与出点发生本质上的位移，并不影响片段持续时间与节目的整体持续时间，但会影响编辑片段之前或之后的持续时间，迫使前面或后面的影片片段出点与入点发生改变。具体操作步骤如下。

STEP 1 选择"内滑"工具 ，在"时间轴"窗口中单击需要编辑的某一个片段。

STEP 2 将鼠标指针移动到两个片段的结合处，当鼠标指针呈 状时，左右拖曳光标对其进行编辑工作，如图 3-37 和图 3-38 所示。

图 3-37

图 3-38

STEP 3 在拖曳过程中，监视器窗口中将会显示被调整片段的出点与入点以及未被编辑的出点与入点。

"外滑"工具 编辑影片片段时，会更改片段的入点与出点，但它的持续时间不会改变，并不会影响其他片段的入点时间和出点时间，节目总的持续时间也不会发生任何改变。具体操作步骤如下。

STEP 1 选择"外滑"工具 ，在"时间轴"窗口中单击需要编辑的某一个片段。

STEP 2 将鼠标指针移动到两个片段的结合处，当鼠标指针呈 状时，左右拖曳光标对其进行编辑工作，如图 3-39 所示。

STEP 3 在拖曳光标时，监视器窗口中将会依次显示上一片段的出点和后一片段的入点，同时显示画面帧数，如图 3-40 所示。

图 3-39

图 3-40

"滚动编辑"工具 编辑影片片段，片段时间的增长或缩短会由其相接片段进行替补。在编辑过程中，整个节目的持续时间不会发生任何改变，该编辑方法同时影响其轨道上的片段在时间轨道中的位置。具体操作步骤如下。

STEP 1 选择"滚动编辑"工具 ，在"时间轴"窗口中单击需要编辑的某一个片段。

STEP 2 将鼠标指针移动到两个片段的结合处，当鼠标指针呈 状时，左右拖曳光标进行编辑工作，如图 3-41 所示。

STEP 3 释放鼠标后，被修整片段的帧增加或减少会引起相邻片段的变化，但整个节目的持续时间不会发生任何改变。

图 3-41

3. 导出帧

单击"节目"监视器窗口下方的"导出帧"按钮 ，弹出"导出帧"对话框，在"名称"文本框中输入文件名称，在"格式"选项中选择文件格式，设置"路径"选项选择保存文件路径，如图 3-42 所示。设置完成后，单击"确定"按钮，导出当前时间轴上的帧图像。

4. 改变影片的速度

在 Premiere Pro CC 中，用户可以根据需求随意更改片段的播放速度，具体操作步骤如下。

图 3-42

STEP 1 在"时间轴"窗口中的某一个文件上单击鼠标右键，在弹出的快捷菜单中选择"速度/持续时间"命令，弹出如图 3-43 所示的对话框。

"速度"：在此设置播放速度的百分比，以此决定影片的播放速度。

"持续时间"：单击选项右侧的时间码，当时间码变为如图 3-44 所示时，在此导入时间值。时间值越长，影片播放的速度越慢；时间值越短，影片播放的速度越快。

"倒放速度"：勾选此复选框，影片片段将向反方向播放。

"保持音频音调"：勾选此复选框，将保持影片片段的音频播放速度不变。

STEP 2 设置完成后，单击"确定"按钮完成更改持续时间的任务，返回到主页面。

图 3-43　　　　　　　　　　图 3-44

5. 创建静止帧

冻结片段中的某一帧，则会以静帧方式显示该画面，就好像使用了一张静止图像的效果，被冻结的帧可以是片段开始点或结束点。创建静止帧的具体操作步骤如下。

STEP 1 单击"时间轴"窗口中的某一段影片片段。移动时间轨道中的编辑线到需要冻结的某一帧画面上，如图 3-45 所示。

STEP 2 为了确保片段仍处于选中状态，选择"剪辑 > 视频选项 > 帧定格"命令，弹出如图 3-46 所示对话框。

STEP 3 勾选"定格位置"复选框，在右侧的下拉列表中选择实施的对象编号，如图 3-47 所示。

STEP 4 如果该帧已经使用了视频滤镜效果，则勾选对话框中的"定格滤镜"复选框，使冻结的帧画面依然保持使用滤镜后的效果。

STEP 5 如果该帧含有交错场的视频，则勾选"反交错"复选框，以避免画面发生抖动的现象。

STEP 6 单击"确定"按钮完成创建。

图 3-45　　　　　　　　　　图 3-46　　　　　　　　　　图 3-47

6. 在"时间轴"窗口中粘贴素材

Premiere Pro CC 提供了标准的 Windows 编辑命令，用于剪切、复制和粘贴素材，这些命令都在"编辑"菜单命令下。

使用"粘贴插入"命令的具体操作步骤如下。

STEP 1 选择素材，然后选择"编辑 > 复制"命令。

STEP 2 在"时间轴"窗口中将时间标记移动到需要粘贴素材的位置，如图 3-48 所示。

STEP 3 选择"编辑 > 粘贴插入"命令，复制的影片被粘贴到时间标记位置，其后的影片等距离后退，如图 3-49 所示。

"粘贴属性"即粘贴一个素材的属性（包括滤镜效果、运动设定及不透明度设定等）到另一个素材目标上。

图 3-48   图 3-49

7. 场设置

在使用视频素材时，会遇到交错视频场的问题，它会严重影响最后的合成质量。根据视频格式、采集和回放设备不同，场的优先顺序也是不同的。如果场顺序反转，运动会僵持和闪烁。在编辑中，改变片段的速度、输出胶片带、反向播放片段或冻结视频帧，都有可能遇到场处理问题，所以，正确的场设置在视频编辑中是非常重要的。

在选择场顺序后，应该播放影片，观察影片是否能够平滑地进行播放；如果出现了跳动的现象，则说明场的顺序是错误的。

对于采集或上载的视频素材，一般情况下都要对其进行场分离设置。另外，如果要将计算机中完成的影片输出到用于电视监视器播放的领域，在输出前也要对场进行设置，输出到电视机的影片是具有场的。用户也可以为没有场的影片添加场，如使用三维动画软件输出的影片，在输出前添加场，用户可以在渲染设置中进行设置。

一般情况下，在新建节目的时候就要指定正确的场顺序，这里的顺序一般要按照影片的输出设备来设置。在"新建序列"对话框中选择"设置"选项卡，在"视频"选项组"场"选项的右侧下拉列表中指定编辑影片所使用的场方式，如图 3-50 所示。在编辑交错场时，要根据相关的视频硬件显示奇偶场的顺序，选择"高场优先"或者"低场优先"选项。在输入影片的时候，也有类似的选项设置。

如果在编辑过程中得到的素材场顺序有所不同，则必须使其统一，并符合编辑输出的场设置。调整方法是，在"时间轴"窗口中的素材上单击鼠标右键，在弹出的快捷菜单中选择"场选项"命令，在弹出的"场选项"对话框中进行设置，如图 3-51 所示。

图 3-50   图 3-51

- "交换场序"：如果素材场顺序与视频采集卡顺序相反，则勾选此复选框。
- "无"：不处理素材场控制。
- "始终去隔行"：将非交错场转换为交错场。
- "消除闪烁"：该选项用于消除细水平线的闪烁。当该选项没有被选择时，一条只有一个像素的水平线只在两场中的其中一场出现，则在回放时会导致闪烁；选择该选项将使扫描线的百分值增加或降低以混合扫描线，使一个像素的扫描线在视频的两场中都出现。在 Premiere Pro CC 播出字幕时，一般都要将该项打开。

8．删除素材

如果用户决定不使用"时间轴"窗口中的某个素材片段，则可以在"时间轴"窗口中将其删除。在"时间轴"窗口中删除的素材并不会在"项目"窗口中删除。当用户删除一个已经运用于"时间轴"窗口的素材后，在"时间轴"窗口的轨道上该素材处留下空位。用户也可以选择波纹删除，将该素材轨道上的内容向左移动，覆盖被删除的素材留下的空位。

删除素材的方法如下。

STEP 1 在"时间轴"窗口中选择一个或多个素材。

STEP 2 按<Delete>键或选择"编辑 > 清除"命令。

波纹删除素材的方法如下。

STEP 1 在"时间轴"窗口中选择一个或多个素材。

STEP 2 如果不希望其他轨道的素材移动，可以锁定该轨道。

STEP 3 选中素材单击鼠标右键，在弹出的快捷菜单中选择"波纹删除"命令。

3.1.6　设置标记点

为了查看素材帧与帧之间是否对齐，用户需要在素材或标尺上做一些标记。

1．添加标记

为影片添加标记的具体操作步骤如下。

STEP 1 将"时间轴"窗口中的时间标记 移到需要添加标记的位置，单击窗口中左上角的"添加标记"按钮 ，该标记将被添加到时间标记停放的地方，如图 3-52 所示。

图 3-52

STEP 2 如果"时间轴"窗口左上角的"对齐"按钮 处于选中状态，则将一个素材拖动到轨道标记处，素材的入点将会自动与标记对齐。

2．跳转标记

在"时间轴"窗口中的标尺上单击鼠标右键，在弹出的快捷菜单中选择"转到下一标记"命令，时间标记会自动跳转到下一标记；选择"转到上一标记"命令，时间标记会自动跳转到前一个标记，如图 3-53 所示。

3. 删除标记

如果用户在使用标记的过程中发现有不需要的标记，可以将其删除。具体的删除步骤如下。

在时间轴窗口中的标尺上单击鼠标右键，在弹出的快捷菜单中选择"清除当前标记"命令，如图 3-54 所示，可清除当前选取的标记。选择"清除所有标记"命令，即可将"时间轴"窗口中的所有标记清除。

转到下一个标记	清除当前标记
转到上一个标记	清除所有标记
图 3-53	图 3-54

3.2 使用 Premiere Pro CC 分离素材

在"时间轴"面板中可以将一个单独的素材切割成为两个或更多单独的素材，也可以使用插入工具进行三点或者四点编辑，还可以将链接素材的音频或视频部分分离，或者将分离的音频和视频素材链接起来。

3.2.1 课堂案例——立体相框

🔍 **案例学习目标**

将图像插入"时间轴"窗口中，对图像的四周进行剪裁。

🔍 **案例知识要点**

使用"插入"选项将图像导入到"时间轴"窗口中；使用"运动"选项编辑图像的位置、比例和旋转等多个属性；使用"剪裁"命令剪裁图像边框；使用"斜边角"命令制作图像的立体效果；使用"杂波 HLS""棋盘"和"四色渐变"命令编辑背影特效；使用"色阶"命令调整图像的亮度。立体相框效果如图 3-55 所示。

🔍 **效果所在位置**

资源包/Ch03/立体相框. prproj。

图 3-55

1. 导入图片

STEP🔻1 启动 Premiere Pro CC 软件，弹出"欢迎使用 Adobe Premiere Pro"界面，单击"新建项目"按钮🅿️ 新建项目...，弹出"新建项目"对话框，设置"位置"选项，选择保存文件路径，在"名称"文本框中输入文件名"立体相框"，如图 3-56 所示，单击"确定"按钮。按<Ctrl>+<N>组合键，弹出"新建序列"对话框，在左侧的列表中展开"DV-PAL"选项，选中"标准 48kHz"模式，如图 3-57 所示，单击"确定"按钮。

立体相框 1

图 3-56

图 3-57

STEP 2 选择"文件 > 导入"命令,弹出"导入"对话框,选择资源包中的"Ch03/立体相框/素材/ 01 和 02"文件,单击"打开"按钮,导入视频文件,如图 3-58 所示。导入后的文件排列在"项目"面板中,如图 3-59 所示。选中"项目"面板中的"01"文件,将其拖曳到"时间轴"窗口中的"视频 3"轨道中,如图 3-60 所示。

图 3-58

图 3-59

图 3-60

2. 编辑图像立体效果

STEP 1 在"时间轴"窗口中选中"视频 3"轨道中的"01"文件,选择"效果控件"面板,展开"运动"选项,将"位置"选项设置为 272.1 和 304.7,"缩放"选项设置为 82.4,"旋转"选项设置为-11.0°,如图 3-61 所示。在"节目"窗口中预览效果,如图 3-62 所示。

STEP 2 选择"窗口 > 效果"命令,弹出"效果"面板,展开"视频效果"选项,单击"变换"文件夹前面的三角形按钮▷将其展开,选中"裁剪"特效,如图 3-63 所示。将"裁剪"特效拖曳到"时间轴"窗口中的"视频 3"轨道上的"01"文件上,如图 3-64 所示。

图 3-61

图 3-62

图 3-63

图 3-64

STEP 3 选择"效果控件"面板，展开"裁剪"特效，将"底对齐"选项设置为 10.0%，如图 3-65 所示。在"节目"窗口中预览效果，如图 3-66 所示。

图 3-65

图 3-66

STEP 4 选择"效果"面板，展开"视频效果"选项，单击"透视"文件夹前面的三角形按钮▷将其展开，选中"斜角边"特效，如图 3-67 所示。将"斜角边"特效拖曳到"时间轴"窗口中的"视频 3"轨道上的"01"文件上，如图 3-68 所示。

STEP 5 选择"效果控件"面板，展开"斜角边"特效，将"边缘厚度"选项设置为 0.05，"光照角度"选项设置为-40.0°，其他设置如图 3-69 所示。"节目"窗口中预览效果，如图 3-70 所示。

图 3-67

图 3-68

图 3-69

图 3-70

3. 编辑背景

STEP 1 选择"文件 > 新建 > 颜色遮罩"命令，弹出"新建颜色遮罩"对话框，如图 3-71 所示。单击"确定"按钮，弹出"拾色器"对话框，设置颜色的 R、G、B 值分别为 255、166、50，如图 3-72 所示。单击"确定"按钮，弹出"选择名称"对话框，输入"墙壁"，如图 3-73 所示。单击"确定"按钮，在"项目"面板中添加一个"墙壁"层，如图 3-74 所示。

立体相框 2

STEP 2 在"项目"面板中选中"墙壁"层，将其拖曳到"时间轴"窗口中的"视频 1"轨道中，如图 3-75 所示。在"节目"窗口中预览效果，如图 3-76 所示。

图 3-71

图 3-72

图 3-73

图 3-74

图 3-75

图 3-76

STEP→3 选择"效果"面板，展开"视频效果"选项，单击"杂色与颗粒"文件夹前面的三角形按钮▷将其展开，选中"杂色 HLS"特效，如图 3-77 所示。将"杂色 HLS"特效拖曳到"时间轴"窗口中的"视频 1"轨道上的"墙壁"层上，如图 3-78 所示。

图 3-77

图 3-78

STEP→4 选择"效果控件"面板，展开"杂色 HLS"特效，将"色相"选项设置为 50.0%，"亮度"选项设置为 50.0%，"饱和度"选项设置为 60.0%，"颗粒大小"选项设置为 2.00，其他设置如图 3-79 所示。在"节目"窗口中预览效果，如图 3-80 所示。

图 3-79

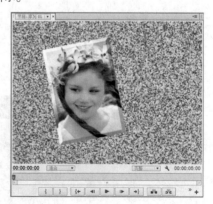
图 3-80

STEP→5 选择"效果"面板，展开"视频效果"选项，单击"生成"文件夹前面的三角形按钮▷将其展开，选中"棋盘"特效，如图 3-81 所示。将"棋盘"特效拖曳到"时间轴"窗口中的"视频 1"轨道上的"墙壁"层上，如图 3-82 所示。

图 3-81　　　　　　　　　　　　　　　　图 3-82

STEP 6 选择"效果控件"面板，展开"棋盘"特效，将"边角"选项设置为 450.0 和 360.0，单击"混合模式"选项后面的按钮，在弹出的下拉列表中选择"相加"，其他设置如图 3-83 所示。在"节目"窗口中预览效果，如图 3-84 所示。

图 3-83　　　　　　　　　　　　　　　　图 3-84

STEP 7 选择"效果"面板，展开"视频效果"选项，单击"生成"文件夹前面的三角形按钮▷将其展开，选中"四色渐变"特效，如图 3-85 所示。将"四色渐变"特效拖曳到"时间轴"窗口中的"视频 1"轨道上的"墙壁"层上，如图 3-86 所示。

图 3-85　　　　　　　　　　　　　　　　图 3-86

STEP 8 选择"效果控件"面板，展开"四色渐变"特效，将"混合"选项设置为 40.0，"抖动"选项设置为 30.0%，单击"混合模式"选项后面的按钮，在弹出的下拉列表中选择"滤色"，其他设置如图 3-87 所示。在"节目"窗口中预览效果，如图 3-88 所示。在"项目"面板中选中"02"文件并将其拖曳到"时间轴"窗口中的"视频 2"轨道中，如图 3-89 所示。

立体相框 3

图 3-87

图 3-88

图 3-89

4. 调整图像亮度

STEP 1 在"时间轴"窗口中选中"视频 2"轨道中的"02"文件，选择"效果控件"面板，展开"运动"选项，将"位置"选项设置为 503.7 和 306.7，"缩放比例"选项设置为 57.1，"旋转"选项设置为 6.0°，如图 3-90 所示。在"节目"窗口中预览效果，如图 3-91 所示。

图 3-90

图 3-91

STEP 2 在"时间轴"窗口中选中"01"文件，选择"效果控件"面板，按<Ctrl>键选中"裁剪"特效和"斜角边"特效，再按<Ctrl>+<C>组合键复制特效，在"时间轴"窗口中选中"02"文件，按<Ctrl>+<V>组合键粘贴特效。在"节目"窗口中预览效果，如图 3-92 所示。展开"裁剪"特效，将"左对齐"和"右侧"选项设为 0，如图 3-93 所示。在"节目"窗口中预览效果，如图 3-94 所示。

STEP 3 选择"效果"面板，展开"视频特效"选项，单击"调整"文件夹前面的三角形按钮▷将其展开，选中"色阶"特效，如图 3-95 所示。将"色阶"特效拖曳到"时间轴"窗口中的"视频 2"轨道上的"02"文件上，如图 3-96 所示。

图 3-92

图 3-93

图 3-94

图 3-95

图 3-96

STEP 4 选择"效果控件"面板,展开"色阶"特效,将"(RGB)输入黑色阶"选项设置为 20,"(RGB)输入白色阶"选项设置为 230,其他设置如图 3-97 所示。在"节目"窗口中预览效果,如图 3-98 所示。立体相框制作完成,如图 3-99 所示。

图 3-97

图 3-98

图 3-99

3.2.2 切割素材

在 Premiere Pro CC 中,当素材被添加到"时间轴"面板中的轨道后,必须对此素材进行分割才能进行后面的操作,用户可以使用工具箱中的剃刀工具来完成。具体操作步骤如下。

STEP 1 选择"剃刀"工具 。

STEP 2 将鼠标指针移到需要切割影片片段的"时间轴"窗口中的某一素材上并单击，该素材即被切割为两个素材，每个素材都有独立的长度以及入点与出点，如图 3-100 所示。

STEP 3 如果要将多个轨道上的素材在同一点分割，则同时按住<Shift>键，会显示多重刀片，轨道上未锁定的素材都在该位置被分割为两段，如图 3-101 所示。

图 3-100

图 3-101

3.2.3 插入和覆盖编辑

用户可以选择插入和覆盖编辑，将"源"监视器窗口或者"项目"窗口中的素材插入"时间轴"窗口中。在插入素材时，可以锁定其他轨道上的素材或切换，以避免引起不必要的变动。锁定轨道非常有用，比如可以在影片中插入一个视频素材而不改变音频轨道。

"插入"按钮 ![] 和"覆盖"按钮 ![] 可以将"源"监视器窗口中的片段直接置入"时间轴"窗口中的时间标记 ![] 位置的当前轨道中。

1. 插入编辑

使用插入工具插入片段时，凡是处于时间标记 ![] 之后（包括部分处于时间标记 ![] 之后）的素材都会向后推移。如果时间标记 ![] 位于轨道中的素材之上，插入新的素材会把原有素材分为两段，直接插在其中，原有素材的后半部分将会向后推移，接在新素材之后。使用插入工具插入素材的具体操作步骤如下。

STEP 1 在"源"监视器窗口中选中要插入"时间轴"窗口中的素材并为其设置入点和出点。

STEP 2 在"时间轴"窗口中将时间标记 ![] 移动到需要插入素材的时间点，如图 3-102 所示。

STEP 3 单击"源"监视器窗口下方的"插入"按钮 ![]，将选择的素材插入"时间轴"窗口中，插入的新素材会直接插入其中，把原有素材分为两段，原有素材的后半部分将会向后推移，接在新素材之后，效果如图 3-103 所示。

图 3-102

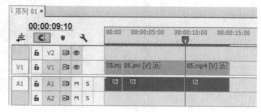

图 3-103

2. 覆盖编辑

使用覆盖工具插入素材的具体操作步骤如下。

STEP 1 在"源"监视器窗口中选中要插入"时间轴"窗口中的素材并为其设置入点和出点。

STEP 2 在"时间轴"窗口中将时间标记 ![] 移动到需要插入素材的时间点，如图 3-104 所示。

STEP 3 单击"源"监视器窗口下方的"覆盖"按钮 ![]，将选择的素材插入"时间轴"窗口中，加入的新素材在时间标记 ![] 处将覆盖原有素材，如图 3-105 所示。

图 3-104

图 3-105

3.2.4　提升和提取编辑

使用"提升"按钮 ![按钮] 和"提取"按钮 ![按钮] 可以在"时间轴"窗口的指定轨道上删除指定的一段节目。

1．提升编辑

使用提升工具对影片进行删除修改时，只会删除目标轨道中选定范围内的素材片段，对其前、后的素材以及其他轨道上素材的位置都不会产生影响。使用提升工具的具体操作步骤如下。

STEP 1 在"节目"窗口中为素材需要提取的部分设置入点和出点，设置的入点和出点同时显示在"时间轴"窗口的标尺上，如图 3-106 所示。

STEP 2 在"时间轴"窗口中提升素材的目标轨道。

STEP 3 单击"节目"窗口下方的"提升"按钮 ![按钮] ，入点和出点之间的素材被删除，删除后的区域留下空白，如图 3-107 所示。

图 3-106

图 3-107

2．提取编辑

使用提取工具对影片进行删除修改，不但会删除目标选择栏中指定目标轨道中指定的片段，还会将其后面的素材前移，填补空缺，而且将其他未锁定轨道之中位于该选择范围之内的片段一并删除，并将后面的所有素材前移。使用提取工具的具体操作步骤如下。

STEP 1 在"节目"窗口中为素材需要提取的部分设置入点和出点，设置的入点和出点同时显示在"时间轴"窗口的标尺上。

STEP 2 单击"节目"窗口下方的"提取"按钮 ![按钮] ，入点和出点之间的素材被删除，其后面的素材自动前移，填补空缺，如图 3-108 所示。

图 3-108

3.2.5 链接和分离素材

为素材建立链接的具体操作步骤如下。

STEP 1 在"时间轴"窗口中框选要进行链接的视频和音频片段。

STEP 2 单击鼠标右键，在弹出的快捷菜单中选择"链接视频和音频"命令，片段就被链接在一起。

分离素材的具体操作步骤如下。

STEP 1 在"时间轴"窗口中选择视频链接素材。

STEP 2 单击鼠标右键，在弹出的快捷菜单中选择"解除视音频链接"命令，即可分离素材的音频和视频部分。

链接在一起的素材被断开后，分别移动音频和视频部分使其错位，然后再链接在一起，系统会在片段上标记警告并标识错位的时间，如图3-109所示，负值表示向前偏移，正值表示向后偏移。

图3-109

3.3 Premiere Pro CC 中的群组

在项目编辑工作中，经常要对多个素材进行整体操作。这时候，使用群组命令可以将多个片段组合为一个整体来进行移动和复制等操作。

建立群组素材的具体操作步骤如下。

STEP 1 在"时间轴"窗口中框选要群组的素材。

STEP 2 按住<Shift>键再次单击，可以加选素材。

STEP 3 在选定的素材上单击鼠标右键，在弹出的快捷菜单中选择"编组"命令，选定的素材被群组。

素材被群组后，在进行移动和复制等操作的时候，就会作为一个整体进行操作。如果要取消群组效果，则在群组的对象上单击鼠标右键，在弹出的快捷菜单中选择"解组"命令即可。

3.4 捕捉和上载视频

用户可以使用两种方法采集满屏视频，用硬件压缩实时捕捉，或者使用由计算机精确控制帧的录像机或者影碟机实施非实时捕捉。一般使用硬件压缩实时捕捉视频。

非实时捕捉方式每次抓取硬盘的一帧或一段，直到捕捉完成所有的影片。这种方式需要一个帧精确控制录像机，原始录像带上有时间码和用于执行非实时捕捉视频的第三方设备控制器。非实时捕捉视频一般不会得到较高质量的素材。

数字化音频的质量和声音文件的大小，取决于捕捉的频率和位深度，这些参数决定了模拟音频信号被数字化后的状态，例如以22KHz和16位精度采样的音频，比11KHz和8位精度捕捉的音频质量明显提高。CD音频通常以44KHz和16位精度数字化，而数码音带则可以达到48KHz。更高的捕捉频率和量化指标会带来数据量的增大。

使用Premiere Pro CC捕捉视频时，它先将视频数据临时存储到硬盘中的一个临时文件中，直到用户将该视频存储为一个.avi文件。用户需要为捕捉的文件在硬盘中预留足够的空间，以便存放捕捉时产生的临时文件。另外，用户必须在捕捉视频后将捕捉的视频存储为.avi文件，否则，数据将在下一个采集过程中被重写。

要将音频信号采集到 Windows 波形文件中，可选择"文件 > 捕捉"命令，弹出"捕捉"对话框，在"记录"选项卡中选择捕捉音频，如图 3-110 所示。

图 3-110

使用 Premiere Pro CC 捕捉的具体操作步骤如下。

STEP 1 确定设备已正确连接，然后打开 Premiere Pro CC，选择"文件 > 捕捉"命令（或按 <F5>键），弹出"捕捉"对话框，如图 3-111 所示。

图 3-111

STEP 2 对捕捉设备进行设置，选择对话框右侧的"设置"选项卡，切换至对应的面板，如图 3-112 所示。

图 3-112

STEP 3 "捕捉设置"区域栏显示当前可用的采集设备，单击"编辑"按钮，弹出如图 3-113 所示的"捕捉设置"对话框。

STEP 4 在对话框中设置捕捉压缩质量。捕捉视频的质量取决于采集的数据率，数据率越高，质量越高。单击"确定"按钮，返回到对话框中。

STEP 5 在"捕捉位置"区域栏中设定捕捉使用的暂存盘，如图 3-114 所示。

STEP 6 分别在"视频"和"音频"栏中指定捕捉的暂存盘。原则上，应该指定计算机中的 SCSI 硬盘作为暂存盘，如果没有高速视频硬盘，可以选择剩余空间较大的硬盘作为暂存盘。

图 3-113

图 3-114

STEP 7 在"设备控制"区域栏中对捕捉控制进行设定，如图 3-115 所示。

STEP 8 在"设备"选项的下拉列表中可以指定捕捉时所使用的设备遥控器。单击"选项"按钮，可以在弹出的对话框中对控制设备进行进一步的设置，如图 3-116 所示。

STEP 9 "预卷时间"和"时间码偏移"栏中可以设置影片播放的偏移时间，一般情况下都设为 0，不让时码发生偏移。

STEP 10 由于数字卡或者其他硬件的问题，可能会导致在捕捉的时候发生丢帧情况，如果丢帧情况严重，可能会使影片无法流畅播放。勾选"丢帧时中止捕捉"复选框，如果在捕捉素材过程中出现丢帧，采集会自动停止。

STEP 11 如图 3-117 所示的"记录"选项卡中的"素材数据"区域栏，用于对捕捉的素材进行备注设置，主要是填写一些注释信息。在素材比较多的情况下，加入备注是非常有用的，可以方便管理素材。"时间码"栏是比较重要的，可以在该参数栏中设置捕捉影片的开始（设置入点）和结束（设置出点）位置。对于具有遥控录像机功能的设备来说，由于可以精确控制时码，使用打点捕捉非常方便。在"捕捉"

栏中单击"入点/出点"按钮可以采集"时间码"栏设定的入点与出点间的设定片段，单击"磁带"按钮则可以捕捉整个磁带。

| 图 3-115 | 图 3-116 | 图 3-117 |

STEP 12 设置完成后，接下来开始上载（捕捉）素材。用控制面板遥控录像机进行捕捉，录像带开始播放后，单击捕捉按钮开始录制采集，按<Esc>键可中止捕捉。

STEP 13 捕捉完毕后，在项目窗口中可以找到所捕捉的影片片段。

3.5　使用 Premiere Pro CC 创建新元素

Premiere Pro CC 除了使用导入的素材，还可以建立一些新素材元素，在本节中将详细讲解。

3.5.1　课堂案例——倒计时

案例学习目标

学习使用倒计时属性。

案例知识要点

使用"字幕"命令编辑文字与背景效果；使用"时钟式划变"命令制作倒计时效果；使用"缩放"选项编辑图像大小。倒计时效果如图 3-118 所示。

效果所在位置

资源包/Ch03/倒计时. prproj。

图 3-118

1. 制作数字

STEP 1 启动 Premiere Pro CC 软件，弹出"欢迎使用 Adobe Premiere Pro"界面，单击"新建项目"按钮 新建项目…，弹出"新建项目"对话框，设置"位置"选项，选择保存文件路径，在"名称"文本框中输入文件名"倒计时"，如图 3-119 所示，单击"确定"

倒计时 1

按钮，按<Ctrl>+<N>组合键，弹出"新建序列"对话框，在左侧的列表中展开"DV-PAL"选项，选中"标准 48kHz"模式，如图 3-120 所示，单击"确定"按钮。

图 3-119

图 3-120

STEP 2 选择"文件 > 新建 > 字幕"命令，弹出"新建字幕"对话框，在"名称"文本框中输入"数字 1"，如图 3-121 所示，单击"确定"按钮，弹出字幕编辑面板，如图 3-122 所示。

图 3-121

图 3-122

STEP 3 使用"文字"工具 T，在字幕窗口中输入数字"1"，如图 3-123 所示。选择"字幕属性"面板，展开"变换"和"属性"选项并进行参数设置，如图 3-124 所示。展开"填充"选项，设置"填充类型"选项为"线性渐变"，在"颜色"选项中设置左侧为橙黄色（其 R、G、B 的值分别为 254、111、48），右侧为黄色（其 R、G、B 的值分别为 247、247、0），其他设置如图 3-125 所示。

图 3-123

图 3-124

图 3-125

STEP 4 展开"阴影"选项,将"不透明度"选项设为 68%,"距离"选项设为 7,"大小"选项设为 11,"扩展"选项设为 27,其他设置如图 3-126 所示。在字幕窗口中的效果如图 3-127 所示。用相同的方法制作数字 2~5,制作完成后在"项目"面板中的显示如图 3-128 所示。

图 3-126

图 3-127

图 3-128

2. 编辑背景

STEP 1 选择"文件 > 新建 > 字幕"命令,弹出"新建字幕"对话框,在"名称"文本框中输入"黄色背景",如图 3-129 所示。单击"确定"按钮,弹出"字幕设计"窗口,选择"矩形"工具 ，绘制一个和字幕窗口一样大的矩形,如图 3-130 所示。

倒计时 2

图 3-129

图 3-130

STEP 2 在"字幕属性"面板中展开"属性""填充"和"描边"选项，设置"颜色"选项的颜色为桔黄色（其 R、G、B 的值分别为 255、193、27），其他设置如图 3-131 所示。选择"直线"工具，在字幕窗口中绘制一条直线，如图 3-132 所示。

图 3-131   图 3-132

STEP 3 在"字幕属性"面板中展开"填充"选项，填充为黑色，如图 3-133 所示。用相同的方法绘制出另外一条垂直直线，如图 3-134 所示。选择"椭圆"工具，绘制第 1 个圆形。在"字幕属性"面板中展开"变换""属性"和"填充"选项，设置如图 3-135 所示，字幕窗口中的效果如图 3-136 所示。

图 3-133   图 3-134

图 3-135   图 3-136

STEP 4 选择"椭圆"工具 ◯，绘制第 2 个圆形。在"字幕属性"面板中展开"变换""属性"和"填充"选项，设置如图 3-137 所示。字幕窗口中的效果如图 3-138 所示。用相同的方法制作出"蓝色背景"效果，字幕窗口中的效果如图 3-139 所示。

图 3-137　　　　　　　　　　图 3-138　　　　　　　　　　图 3-139

3. 制作倒计时动画

STEP 1 在"项目"面板中选中"黄色背景"并将其拖曳到"时间轴"窗口中的"视频 1"轨道上，如图 3-140 所示。将时间指示器放置在 1:00 s 的位置，在"视频 1"轨道上选中"黄色背景"层，将鼠标指针放在"黄色背景"的尾部，当鼠标指针呈 ◀ 状时，向前拖曳光标到 1:00 s 的位置上，如图 3-141 所示。

倒计时 3

图 3-140　　　　　　　　　　　　　　　图 3-141

STEP 2 在"项目"面板中选中"蓝色背景"并将其拖曳到"时间轴"窗口中的"视频 2"轨道上，选中"数字 5"并将其拖曳到"时间轴"窗口中的"视频 3"轨道上，如图 3-142 所示。选中"蓝色背景"和"数字 5"层，将鼠标指针放在层的尾部，当鼠标指针呈 ◀ 状时，向前拖曳光标到 1 s 的位置上，如图 3-143 所示。

图 3-142　　　　　　　　　　　　　　　图 3-143

STEP 3 选择"窗口 > 工作区 > 效果"命令，弹出"效果"面板，展开"视频过渡"选项，单击"擦除"文件夹前面的三角形按钮 ▷ 将其展开，选中"时钟式擦除"特效，如图 3-144 所示。将"时钟式擦除"特效拖曳到"时间轴"窗口中的"视频 2"轨道中的"蓝色背景"层上，如图 3-145 所示。在"节目"窗口中预览效果，如图 3-146 所示。

图 3-144

图 3-145

图 3-146

STEP 4 按住<Shift>键，选择"时间轴"窗口中的"黄色背景"和"蓝色背景"层，按<Ctrl>+<C>组合键复制层，然后按<End>键将时间标签移至尾部，按<Ctrl>+<V>组合键粘贴层。连续按<End>键和<Ctrl>+<V>组合键到第 5 s 结束，如图 3-147 所示。

STEP 5 选择"项目"面板中的其他几个数字，依次放置在"时间轴"窗口中的"视频 3"轨道中，如图 3-148 所示。

图 3-147

图 3-148

STEP 6 选择"文件 > 导入"命令，弹出"导入"对话框，选择资源包中的"Ch03/倒计时/素材/ 01"文件，单击"打开"按钮导入视频文件，如图 3-149 所示。选择"序列 > 添加轨道"命令，弹出"添加轨道"对话框，如图 3-150 所示，单击"确定"按钮，在"时间轴"窗口中添加一个"视频 4"轨道。

图 3-149

图 3-150

STEP 7 将时间指示器放置在 5:00 s 的位置，在"项目"面板中选中"01"文件并将其拖曳到"视频 4"轨道上，如图 3-151 所示。在"节目"窗口中预览效果，如图 3-152 所示。

图 3-151　　　　　　　　　　　　　　　　　　图 3-152

STEP 8 在"时间轴"窗口中的"视频 4"轨道上选中"01"文件，将时间指示器放置在 8:00 s 的位置，将鼠标指针放在层的尾部，当鼠标指针呈 状时，向前拖曳光标到 8:00 s 的位置上，如图 3-153 所示。倒计时制作完成，如图 3-154 所示。

图 3-153　　　　　　　　　　　　　　　　　　图 3-154

3.5.2　通用倒计时片头

通用倒计时通常用于影片开始前的倒计时准备。Premiere Pro CC 为用户提供了现成的通用倒计时，用户可以非常简便地创建一个标准的倒计时素材，并可以在 Premiere Pro CC 中随时对其进行修改，如图 3-155 所示。创建倒计时素材的具体操作步骤如下。

图 3-155

STEP 1 单击"项目"窗口下方的"新建项"按钮 🔲，在弹出的列表中选择"通用倒计时片头"选项，弹出"新建通用倒计时片头"对话框，如图 3-156 所示。设置完成后，单击"确定"按钮，弹出"通用倒计时设置"对话框，如图 3-157 所示。

图 3-156

图 3-157

- "擦除颜色"：擦除颜色。播放倒计时影片的时候，指示线会不停地围绕圆心转动，在指示线转动方向之后的颜色为划变色。
- "背景色"：背景颜色。指示线转换方向之前的颜色为背景色。
- "线条颜色"：指示线颜色。固定十字及转动的指示线的颜色由该项设定。
- "目标颜色"：准星颜色。指定圆形准星的颜色。
- "数字颜色"：数字颜色。指定倒计时影片中 8、7、6、5、4 等数字的颜色。
- "出点时提示器"：结束提示标志。勾选该复选框在倒计时结束时显示标志图形。
- "倒数 2 秒提示音"：2 秒处是提示音标志。勾选该复选框在显示"2"的时候发声。
- "在每秒都响提示音"：每秒提示音标志。勾选该复选框在每秒开始的时候发声。

STEP 2 设置完成后，单击"确定"按钮，Premiere Pro CC 自动将该段倒计时影片加入项目窗口。用户可在"项目"窗口或"时间轴"窗口中双击倒计时素材，随时打开"通用倒计时设置"对话框进行修改。

3.5.3 彩条和黑场

1. 彩条

Premiere Pro CC 可以为影片在开始前加入一段彩条，如图 3-158 所示。

在"项目"窗口下方单击"新建项"按钮 🔲，在弹出的列表中选择"彩条"选项，即可创建彩条。

2. 黑场

Premiere Pro CC 可以在影片中创建一段黑场。在"项目"窗口下方单击"新建项"按钮 🔲，在弹出的列表中选择"黑场"选项，即可创建黑场。

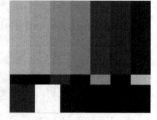

图 3-158

3.5.4 彩色蒙版

Premiere Pro CC 还可以为影片创建一个颜色蒙版。用户可以将颜色蒙版作为背景，也可利用"透明度"命令来设定与它相关的色彩的透明性。具体操作步骤如下。

STEP 1 在"项目"窗口下方单击"新建"按钮，在弹出列表中选择"颜色遮罩"选项，弹出"新建颜色遮罩"对话框，如图 3-159 所示。进行参数设置后，单击"确定"按钮，弹出"拾色器"对话框，如图 3-160 所示。

图 3-159　　　　　　　　　　　　　　　　图 3-160

STEP 2 在"拾色器"对话框中选取蒙版所要使用的颜色，单击"确定"按钮。用户可在"项目"窗口或"时间轴"窗口中双击颜色蒙版，随时打开"拾色器"对话框进行修改。

3.5.5　透明视频

在 Premiere Pro CC 中，用户可以创建一个透明的视频层，它能够将特效应用到一系列的影片剪辑中而无需重复复制和粘贴属性。只要应用一个特效到透明视频轨道上，特效结果将自动出现在下面的所有视频轨道中。

3.6　课堂练习——镜头的快慢处理

练习知识要点

使用"缩放"选项改变视频文件的大小；使用剃刀工具分割文件；使用"剪辑速度/持续时间"命令改变视频播放的快慢。镜头的快慢处理效果如图 3-161 所示。

效果所在位置

资源包/Ch03/镜头的快慢处理. prproj。

图 3-161

镜头的快慢处理

3.7 课后习题——倒计时效果

习题知识要点

使用"通道倒计时片头"命令编辑默认倒计时属性；使用"剪辑速度/持续时间"命令改变视频文件的播放速度。倒计时效果如图 3-162 所示。

效果所在位置

资源包/Ch03/倒计时效果. prproj。

图 3-162

倒计时效果

4

第 4 章
视频转场效果

　　本章主要讲解如何在 Premiere Pro CC 的
影片素材或静止图像素材之间建立丰富多彩的切
换特效的方法，每一个图像切换的控制方式具有
很多可调的选项。本章内容对于影视剪辑中的镜
头切换有着非常实用的意义，它可以使剪辑的画
面更加富于变化，更加生动多彩。

课堂学习目标

- 熟练掌握转场特技
  设置
- 掌握高级转场特技
  的使用方法和技巧

4.1 转场特技设置

转场包括使用镜头切换、调整切换区域、切换设置和设置默认切换等多种基本操作。下面对转场特技设置进行讲解。

4.1.1 课堂案例——海底世界

+ 案例学习目标

使用默认转场切换效果制作图像转场效果。

+ 案例知识要点

按<Ctrl>+<D>组合键添加转场默认效果，使用"效果控件"面板调整切换选项。海底世界效果如图4-1所示。

+ 效果所在位置

资源包/Ch04/海底世界. prproj。

图 4-1

海底世界

STEP★1 启动 Premiere Pro CC 软件，弹出"欢迎使用 Adobe Premiere Pro"界面，单击"新建项目"按钮 Pr 新建项目...，弹出"新建项目"对话框，设置"位置"选项，选择保存文件路径，在"名称"文本框中输入文件名"海底世界"，如图 4-2 所示，单击"确定"按钮。然后按<Ctrl>+<N>组合键，弹出"新建序列"对话框，在左侧的列表中展开"DV-PAL"选项，选中"标准 48kHz"模式，如图 4-3 所示，单击"确定"按钮。

STEP★2 选择"文件 > 导入"命令，弹出"导入"对话框，选择资源包中的"Ch04/海底世界/素材/01、02、03 和 04"文件，单击"打开"按钮，导入视频文件，如图 4-4 所示。导入后的文件排列在"项目"面板中，如图 4-5 所示。

STEP★3 按住<Ctrl>键，在"项目"面板中分别单击"01、02、03 和 04"文件并将其拖曳到"时间轴"窗口中的"视频 1"轨道中，如图 4-6 所示。选中"01"文件，将时间指示器放置在 4:00 s 的位置，选择"效果控件"面板，展开"运动"选项，将"缩放"选项设置为 53.0，单击"位置"和"缩放"选项前面的记录动画按钮 ◎，如图 4-7 所示，记录第 1 个动画关键帧。

图 4-2

图 4-3

图 4-4

图 4-5

图 4-6

图 4-7

STEP 4 将时间指示器放置在 7:04 s 的位置,将"位置"选项设置为 360.0 和 76.0,"缩放"选项设置为 100.0,如图 4-8 所示,记录第 2 个动画关键帧。选中"02"文件,选择"效果控件"面板,展开"运动"选项,将"缩放"选项设置为 53.0,如图 4-9 所示。用相同的方法设置"03""04"文件的缩放值。

图 4-8

图 4-9

STEP 5 将时间指示器放置到"02"文件的开始位置，按<Ctrl>+<D>组合键，在"02"文件的结尾处与"03"文件的开始位置添加一个默认的转场效果，如图 4-10 所示。在"节目"窗口中预览效果，如图 4-11 所示。

图 4-10

图 4-11

STEP 6 将时间指示器放置到"03"文件的开始位置。按<Ctrl>+<D>组合键，在"02"文件的结尾处与"03"文件的开始位置添加一个默认的转场效果，如图 4-12 所示。在"节目"窗口中预览效果，如图 4-13 所示。

图 4-12

图 4-13

STEP 7 选择"时间轴"窗口中的切换效果，选择"效果控件"面板，设置"对齐"选项为"起点切入"，如图 4-14 所示，在"节目"窗口中预览效果，如图 4-15 所示。

图 4-14　　　　　　　　　　　　　　　　　　图 4-15

STEP⬆8 将时间指示器放置到"04"文件的开始位置，取消选取状态。按<Ctrl>+<D>组合键，在"03"文件的结尾处与"04"文件的开始位置添加一个默认的转场效果，如图 4-16 所示。在"节目"窗口中预览效果，如图 4-17 所示。

图 4-16　　　　　　　　　　　　　　　　　　图 4-17

STEP⬆9 选择"时间轴"窗口中的切换效果，选择"效果控件"面板，设置"持续时间"选项为 2:00，如图 4-18 所示。海底世界制作完成，效果如图 4-19 所示。

图 4-18　　　　　　　　　　　　　　　　　　图 4-19

4.1.2　使用镜头切换

一般情况下，切换在同一轨道的两个相邻素材之间使用。当然，也可以单独为一个素材施加切换，这时候素材与其下方的轨道进行切换，但是下方的轨道只是作为背景使用，并不能被切换所控制，如图 4-20 所示。

图 4-20

为影片添加切换后，可以改变切换的长度。最简单的方法是在序列中选中切换 交叉溶解 ，拖曳切换的边缘即可。还可以双击切换打开"效果控件"对话框，在该对话框中对切换进一步调整，如图 4-21 所示。

4.1.3 调整切换区域

在右侧的时间轴区域里可以设置切换的长度和位置。如图 4-22 所示，两段影片加入切换后，时间轴上会有一个重叠区域，这个重叠区域就是发生切换的范围。同"时间轴"窗口中只显示入点和出点间的影片不同，在"效果控件"窗口的时间轴中会显示影片的完全长度，这样设置的优点是可以随时修改影片参与切换的位置。

将鼠标指针移动到影片上，按住鼠标左键拖曳，即可移动影片的位置，改变切换影响区域。

图 4-21   图 4-22

将鼠标指针移动到切换中线上拖曳，可以改变切换位置，如图 4-23 所示。还可以将鼠标指针移动到切换上拖曳改变位置，如图 4-24 所示。

图 4-23   图 4-24

在左边的"对齐"下拉列表中提供了以下几种切换对齐方式。

STEP　1 "中心切入"：将切换添加到两剪辑的中间部分，如图 4-25 和图 4-26 所示。

图 4-25　　　　　　　　　　　　　　　　　图 4-26

STEP　2 "起点切入"：以片段 B 的入点位置为准建立切换，如图 4-27 和图 4-28 所示。

图 4-27　　　　　　　　　　　　　　　　　图 4-28

STEP　3 "终点切入"：将切换点添加到第一个剪辑的结尾处，如图 4-29 和图 4-30 所示。

图 4-29　　　　　　　　　　　　　　　　　图 4-30

STEP　4 "自定义起点"：表示可以通过自定义添加设置。

将鼠标指针移动到切换边缘，可以拖曳鼠标改变切换的长度，如图 4-31 和图 4-32 所示。

图 4-31　　　　　　　　　　　　　　　　　图 4-32

4.1.4　切换设置

在左边的切换设置中，可以对切换进行进一步的设置。

默认情况下，切换都是从 A 到 B 完成的，要改变切换的开始和结束的状态，可拖曳"开始"和"结束"滑块。按住<Shift>键并拖曳滑块可以使开始和结束滑块以相同的数值变化。

勾选"显示实际源"复选框，可以在切换设置对话框上方"开始"和"结束"窗口中显示切换的开始和结束帧，如图 4-33 所示。

在对话框上方单击按钮▶，可以在小视窗中预览切换效果，如图 4-34 所示。对于某些有方向性的切换来说，可以在上方小视窗中单击箭头改变切换的方向。

某些切换具有位置的变换性质，如出入屏的时候画面从屏幕的哪个位置开始，这时候可以在切换的开始和结束显示框中调整位置。

对话框上方的"持续时间"栏中可以输入切换的持续时间，这与拖曳切换边缘改变长度是相同的。

图 4-33   图 4-34

4.1.5 设置默认切换

选择"编辑 > 首选项 > 常规"命令，在弹出的"首选项"对话框中进行切换的默认设置。

用户可以将当前选定的切换设为默认切换，这样，在使用如自动导入这样的功能时，所建立的都是该切换。此外，还可以分别设定视频和音频切换的默认时间，如图 4-35 所示。

图 4-35

4.2 高级转场特技

Premiere Pro CC 将各种转换特效根据类型的不同分别放在"效果"窗口中的"视频特效"文件夹下的子文件夹中，用户可以根据使用的转换类型，方便地进行查找。

4.2.1 课堂案例——自然风光

 案例学习目标

编辑图像的大小与图形的划像制作图像转场。

案例知识要点

使用"剪辑速度/持续时间"命令调整视频时间；使用"位置"和"缩放"命令制作动画效果；使用"楔形擦除"命令制作视频擦除效果；使用"滑动"命令制作视频滑动效果；使用"风车"命令制作视频擦除效果；使用"亮度/对比度"命令编辑图像的亮度对比度。自然风光效果如图 4-36 所示。

效果所在位置

资源包/Ch04/自然风光. prproj。

自然风光

图 4-36

1. 新建项目与导入视频

STEP 1 启动 Premiere Pro CC 软件，弹出"欢迎使用 Adobe Premiere Pro"界面，单击"新建项目"按钮 ▇ 新建项目…，弹出"新建项目"对话框，设置"位置"选项，选择保存文件路径，在"名称"文本框中输入文件名"自然风光"，如图 4-37 所示，单击"确定"按钮。按<Ctrl>+<N>组合键，弹出"新建序列"对话框，在左侧的列表中展开"DV-PAL"选项，选中"标准 48kHz"模式，如图 4-38 所示，最后单击"确定"按钮。

图 4-37

图 4-38

STEP 2 选择"文件 > 导入"命令，弹出"导入"对话框，选择资源包中的"Ch04/自然风光/

素材/01、02、03和04"文件，单击"打开"按钮，导入图片，如图4-39所示。导入后的文件排列在"项目"面板中，如图4-40所示。

图4-39   图4-40

2. 制作视频特效

STEP 1 在"项目"面板中选中"01"文件并将其拖曳到"时间轴"窗口中的"视频1"轨道中，如图4-41所示。选中"01"文件，选择"剪辑 > 速度/持续时间"命令，弹出对话框，设置如图4-42所示，单击"确定"按钮，如图4-43所示。

图4-41   图4-42   图4-43

STEP 2 选择"效果控件"面板，展开"运动"选项，单击"缩放"选项前面的记录动画按钮，如图4-44所示，记录第1个动画关键帧。将时间指示器放置在4:00 s的位置，将"缩放"选项设置为53.0，如图4-45所示，记录第2个动画关键帧。

图4-44   图4-45

STEP 3 将时间指示器放置在 6:00 s 的位置，将鼠标指针放在"01"文件的结束位置，当鼠标指针呈 状时，向前拖曳光标到 6:00 s 的位置上，如图 4-46 所示。在"项目"面板中选中"02"文件并将其拖曳到"时间轴"窗口中的"视频 1"轨道中，如图 4-47 所示。

图 4-46

图 4-47

STEP 4 选中"02"文件，选择"剪辑 > 速度/持续时间"命令，弹出对话框，设置如图 4-48 所示，单击"确定"按钮，如图 4-49 所示。

图 4-48

图 4-49

STEP 5 选中"02"文件，将时间指示器放置在 8:00 s 的位置，选择"效果控件"面板，展开"运动"选项，将"缩放"选项设置为 53.0，单击"位置"选项前面的记录动画按钮 ，如图 4-50 所示，记录第 1 个动画关键帧。将时间指示器放置在 12:00 s 的位置，将"位置"选项设置为 461.0 和 288.0，如图 4-51 所示，记录 2 个动画关键帧。

图 4-50

图 4-51

STEP 6 按住<Ctrl>键，在"项目"面板中选中"03、04"文件并将其拖曳到"时间轴"窗口中的"视频 1"轨道中，如图 4-52 所示。选中"04"文件，选择"剪辑 > 速度/持续时间"命令，弹出对话框，设置如图 4-53 所示，单击"确定"按钮，如图 4-54 所示。

图 4-52

图 4-53

图 4-54

STEP 7 选中"03"文件，将时间指示器放置在 14:08 s 的位置，选择"效果控件"面板，展开"运动"选项，将"位置"选项设置为 719.0 和 402.0，单击"位置"和"缩放"选项前面的记录动画按钮，如图 4-55 所示，记录第 1 个动画关键帧。将时间指示器放置在 20:07 s 的位置，将"位置"选项设置为 360.0 和 288.0，"缩放"选项设置为 53.0，如图 4-56 所示，记录第 2 个动画关键帧。

STEP 8 选择"窗口 > 工作区 > 效果"命令，弹出"效果"面板，展开"视频效果"特效分类选项，单击"颜色校正"文件夹前面的三角形按钮 ▶ 将其展开，选中"亮度与对比度"特效，如图 4-57 所示。将"亮度/对比度"特效拖曳到"时间轴"窗口中的"03"文件上。

图 4-55

图 4-56

图 4-57

STEP 9 选择"效果控件"面板，展开"亮度与对比度"选项并进行参数设置，如图 4-58 所示。选中"04"文件，选择"效果控件"面板，展开"运动"选项，将"缩放"选项设置为 53.0，如图 4-59 所示。

STEP 10 在"效果"面板中展开"视频过渡"特效分类选项，单击"擦除"文件夹前面的三角形按钮 ▶ 将其展开，选中"楔形擦除"特效，如图 4-60 所示。将"楔形擦除"特效拖曳到"时间轴"窗口中的"01"文件的结尾处与"02"文件的开始位置，如图 4-61 所示。

图 4-58　　　　　　　　　　　　　　　图 4-59

图 4-60　　　　　　　　　　　　　　　图 4-61

STEP 11 在"效果"面板中展开"视频过渡"特效分类选项，单击"滑动"文件夹前面的三角形按钮 ▶ 将其展开，选中"滑动"特效，如图 4-62 所示。将"滑动"特效拖曳到"时间轴"窗口中的"02"文件的结尾处与"03"文件的开始位置，如图 4-63 所示。

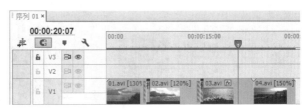

图 4-62　　　　　　　　　　　　　　　图 4-63

STEP 12 选择"时间轴"窗口中的"滑动"切换效果，选择"效果控件"面板，设置"持续时间"选项为 2:00，如图 4-64 所示。在"效果"面板中展开"视频过渡"特效分类选项，单击"擦除"文件夹前面的三角形按钮 ▶ 将其展开，选中"风车"特效，如图 4-65 所示。

STEP 13 将"风车"特效拖曳到"时间轴"窗口中的"03"文件的结尾处与"04"文件的开始位置，如图 4-66 所示。自然风光制作完成，效果如图 4-67 所示。

图 4-64   图 4-65

图 4-66   图 4-67

4.2.2 3D 运动

在"3D 运动"文件夹中共包含 10 种三维运动效果的场景切换。

1. 向上折叠

"向上折叠"特效使影片 A 像纸一样被重复折叠，显示影片 B，效果如图 4-68 和图 4-69 所示。

图 4-68   图 4-69

2. 帘式

"帘式"特效使影片 A 如同窗帘一样被拉起，显示影片 B，效果如图 4-70 和图 4-71 所示。

图 4-70

图 4-71

3. 摆入

"摆入"特效使影片 B 过渡到影片 A 产生内关门效果，效果如图 4-72 和图 4-73 所示。

图 4-72

图 4-73

4. 摆出

"摆出"特效使影片 B 过渡到影片 A 产生外关门效果，效果如图 4-74 和图 4-75 所示。

图 4-74

图 4-75

5. 旋转

"旋转"特效使影片 B 从影片 A 中心展开，效果如图 4-76 和图 4-77 所示。

图 4-76

图 4-77

6. 旋转离开

"旋转离开"特效使影片 B 从影片 A 中心旋转出现，效果如图 4-78 和图 4-79 所示。

图 4-78 图 4-79

7. 立方体旋转

"立方体旋转"特效可以使影片 A 和影片 B 如同立方体的两个面过渡转换，效果如图 4-80 和图 4-81 所示。

图 4-80 图 4-81

8. 筋斗过渡

"筋斗过渡"特效使影片 A 旋转翻入影片 B，效果如图 4-82 和图 4-83 所示。

图 4-82 图 4-83

9. 翻转

"翻转"特效使影片 A 翻转到影片 B。在"效果控件"窗口中单击"自定义"按钮，弹出"翻转设置"对话框，如图 4-84 所示。

- "带"：输入空翻的影像数量。带的最大数值为 8。
- "填充颜色"：设置空白区域颜色。

"翻转"切换转场效果如图 4-85 和图 4-86 所示。

图 4-84　　　　　　　　图 4-85　　　　　　　　图 4-86

10. 门

"门"特效使影片 B 如同关门一样覆盖影片 A，效果如图 4-87 和图 4-88 所示。

图 4-87　　　　　　　　　　　图 4-88

4.2.3　伸缩

在"伸缩"下共包含以下 4 种切换视频特效。

1. 交叉伸展

"交叉伸展"特效使影片 A 逐渐被影片 B 平行挤压替代，效果如图 4-89 和图 4-90 所示。

图 4-89　　　　　　　　　　　图 4-90

2. 伸展

"伸展"特效使影片 A 从一边伸展开覆盖影片 B，效果如图 4-91 和图 4-92 所示。

图 4-91　　　　　　　　　　　图 4-92

3. 伸展覆盖

"伸展覆盖"特效使影片 B 拉伸出现，逐渐代替影片 A，效果如图 4-93 和图 4-94 所示。

图 4-93

图 4-94

4. 伸展进入

"伸展进入"特效使影片 B 在影片 A 的中心横向伸展，效果如图 4-95 和图 4-96 所示。

图 4-95

图 4-96

4.2.4 划像

在"划像"文件夹中包含以下 7 种视频转换特效。

1. 交叉划像

"交叉划像"特效使影片 B 呈十字形从影片 A 中展开，效果如图 4-97 和图 4-98 所示。

图 4-97

图 4-98

2. 划像形状

"划像形状"特效使影片 B 产生多个规则形状从影片 A 中展开。双击效果，在"效果控件"窗口中单击"自定义"按钮，弹出"划像形状设置"对话框，如图 4-99 所示。

- "形状数量"：拖曳滑块调整水平和垂直方向规则形状的数量。
- "形状类型"：选择形状，如矩形、椭圆和菱形。

"划像形状"转场效果如图 4-100 和图 4-101 所示。

图 4-99

图 4-100

图 4-101

3. 圆划像

"圆划像"特效使影片 B 呈圆形从影片 A 中展开,效果如图 4-102 和图 4-103 所示。

图 4-102

图 4-103

4. 星形划像

"星形划像"特效使影片 B 呈星形从影片 A 正中心展开,效果如图 4-104 和图 4-105 所示。

图 4-104

图 4-105

5. 点划像

"点划像"特效使影片 B 呈斜角十字形从影片 A 中铺开,效果如图 4-106 和图 4-107 所示。

图 4-106

图 4-107

6. 盒形划像

"盒形划像"特效使影片 B 呈矩形从影片 A 中展开,效果如图 4-108 和图 4-109 所示。

图 4-108

图 4-109

7. 菱形划像

"菱形划像"特效使影片 B 呈菱形从影片 A 中展开，效果如图 4-110 和图 4-111 所示。

图 4-110

图 4-111

4.2.5 擦除

"擦除"文件夹中共包含以下 17 种切换的视频转场特效。

1. 划出

"划出"特效使影片 B 逐渐扫过影片 A，效果如图 4-112 和图 4-113 所示。

图 4-112

图 4-113

2. 双侧平推门

"双侧平推门"特效使影片 A 以展开和关门的方式过渡到影片 B，效果如图 4-114 和图 4-115 所示。

图 4-114

图 4-115

3. 带状擦除

"带状擦除"特效使影片 B 从水平方向以条状进入并覆盖影片 A，效果如图 4-116 和图 4-117 所示。

图 4-116

图 4-117

4. 径向擦除

"径向擦除"特效使影片 B 从影片 A 的一角扫入画面，效果如图 4-118 和图 4-119 所示。

图 4-118

图 4-119

5. 插入

"插入"特效使影片 B 从影片 A 的左上角斜插进入画面，效果如图 4-120 和图 4-121 所示。

图 4-120

图 4-121

6. 时钟式擦除

"时钟式擦除"特效使影片 A 以时钟放置方式过渡到影片 B，效果如图 4-122 和图 4-123 所示。

图 4-122

图 4-123

7. 棋盘

"棋盘"特效使影片 A 以棋盘消失方式过渡到影片 B，效果如图 4-124 和图 4-125 所示。

图 4-124

图 4-125

8. 棋盘擦除

"棋盘擦除"特效使影片 B 以方格形式逐行出现覆盖影片 A，效果如图 4-126 和图 4-127 所示。

图 4-126

图 4-127

9. 楔形擦除

"楔形擦除"特效使影片 B 呈扇形打开扫入，效果如图 4-128 和图 4-129 所示。

图 4-128

图 4-129

10. 水波块

"水波块"特效使影片 B 沿"Z"字形交错扫过影片 A。在"效果控件"窗口中单击"自定义"按钮，弹出"水波块设置"对话框，如图 4-130 所示。

- "水平"：输入水平方向的方格数量。
- "垂直"：输入垂直方向的方格数量。

"水波块"切换特效如图 4-131 和图 4-132 所示。

图 4-130

图 4-131　　　　　　　　　　　　　　图 4-132

11. 油漆飞溅

"油漆飞溅"特效使影片 B 以墨点状覆盖影片 A，效果如图 4-133 和图 4-134 所示。

图 4-133　　　　　　　　　　　　　　图 4-134

12. 渐变擦除

"渐变擦除"特效可以用一张灰度图像制作渐变切换。在渐变切换中，影片 A 充满灰度图像的黑色区域，然后通过每一个灰度开始显示进行切换，直到白色区域完全透明。

在"效果控件"窗口中单击"自定义"按钮，弹出"渐变擦除设置"对话框，如图 4-135 所示。

图 4-135

- "选择图像"：单击此按钮，可以选择作为灰度图的图像。
- "柔和度"：设置过渡边缘的羽化程度。

"渐变擦除"切换特效如图 4-136 和图 4-137 所示。

图 4-136　　　　　　　　　　　　　　图 4-137

13. 百叶窗

"百叶窗"特效使影片 B 在逐渐加粗的线条中逐渐显示，类似于百叶窗效果，效果如图 4-138 和图 4-139 所示。

图 4-138   图 4-139

14. 螺旋框

"螺旋框"特效使影片 B 以螺纹块状旋转出现。在"效果控件"窗口中单击"自定义"按钮，弹出"螺旋框设置"对话框，如图 4-140 所示。

● "水平"：输入水平方向的方格数量。

● "垂直"：输入垂直方向的方格数量。

"螺旋框"切换效果如图 4-141 和图 4-142 所示。

图 4-140   图 4-141   图 4-142

15. 随机块

"随机块"特效使影片 B 以方块形式随意出现覆盖影片 A，效果如图 4-143 和图 4-144 所示。

图 4-143   图 4-144

16. 随机擦除

"随机擦除"特效使影片 B 产生随意方块，以由上向下擦除的形式覆盖影片 A，效果如图 4-145 和图 4-146 所示。

图 4-145

图 4-146

17. 风车

"风车"特效使影片 B 以风车轮状旋转覆盖影片 A，效果如图 4-147 和图 4-148 所示。

图 4-147

图 4-148

4.2.6　映射

在"映射"文件夹中提供了两种使用影像通道作为影片进行切换的视频转场。

1. 通道映射

"通道映射"特效是通过影片 A 或影片 B 中选择通道并映射到导出的形式来实现。

将特效拖曳到"时间轴"面板中的对象上时，会自动弹出"通道映射设置"对话框，如图 4-149 所示，在映射栏的下拉列表中可以选择要输出的目标通道和素材通道。双击效果，在"效果控件"窗口中单击"自定义"按钮也可以弹出对话框进行设置。

图 4-149

"通道映射"转场效果如图 4-150、图 4-151 和图 4-152 所示。

图 4-150 图 4-151 图 4-152

2．明亮度映射

"明亮度映射"特效将图像 A 的亮度映射到图像 B，如图 4-153、图 4-154 和图 4-155 所示。

图 4-153 图 4-154 图 4-155

4.2.7 溶解

在"溶解"文件夹下，共包含 8 溶解效果的视频转场特效。

1．交叉溶解

"交叉溶解"特效使影片 A 渐隐为影片 B，效果如图 4-156 和图 4-157 所示。该切换为标准的淡入淡出切换。在支持 Premiere Pro CC 的双通道视频卡上，该切换可以实现实时播放。

图 4-156 图 4-157

2．叠加溶解

"叠加溶解"特效使影片 A 以加亮模式渐隐为影片 B，效果如图 4-158 和图 4-159 所示。

图 4-158 图 4-159

3. 抖动溶解

"抖动溶解"特效使影片 B 以点的方式出现，取代影片 A，效果如图 4-160 和图 4-161 所示。

图 4-160

图 4-161

4. 渐隐为白色

"渐隐为白色"特效使影片 A 以变亮的模式渐隐为影片 B，效果如图 4-162 和图 4-163 所示。

图 4-162

图 4-163

5. 渐隐为黑色

"渐隐为黑色"特效使影片 A 以变暗的模式渐隐为影片 B，效果如图 4-164 和图 4-165 所示。

图 4-164

图 4-165

6. 胶片溶解

"胶片溶解"特效使影片 A 以股片渐隐于影片 B，效果如图 4-166 和图 4-167 所示。

图 4-166

图 4-167

7．随机反相

"随机反相"特效以随意块方式使影片 A 过渡到影片 B，并在随意块中显示反色效果。双击效果，在"效果控件"窗口中单击"自定义"按钮，弹出"随机反转设置"对话框，如图 4-168 所示。

● "宽/高"：图像水平/垂直随意块数量。
● "反转源"：显示影片 A 反色效果。
● "反转目标"：显示影片 B 反色效果。

"随机反相"特效转换效果如图 4-169 和图 4-170 所示。

图 4-168　　　　　　　　　图 4-169　　　　　　　　　图 4-170

8．非叠加溶解

"非叠加溶解"特效使影片 A 的明亮度映射到影片 B，效果如图 4-171 和图 4-172 所示。

图 4-171　　　　　　　　　图 4-172

4.2.8　滑动

在"滑动"文件夹中共包含 12 种视频切换效果。

1．中心合并

"中心合并"特效使影片 A 分裂成 4 块由中心分开并逐渐覆盖影片 B，效果如图 4-173 和图 4-174 所示。

图 4-173　　　　　　　　　图 4-174

2．中心拆分

"中心拆分"特效使影片 A 从中心分裂为 4 块向四角滑出，效果如图 4-175 和图 4-176 所示。

图 4-175　　　　　　　　　　　　　　　图 4-176

3．互换

"互换"特效使影片 B 从影片 A 的后方向前方覆盖影片 A，效果如图 4-177 和图 4-178 所示。

图 4-177　　　　　　　　　　　　　　　图 4-178

4．多旋转

"多旋转"特效使影片 B 被分割成若干个小方格旋转铺入。双击效果，在"效果控件"窗口中单击"自定义"按钮，弹出"多旋转设置"对话框，如图 4-179 所示。

- ● "水平"：输入水平方向的方格数量。
- ● "垂直"：输入垂直方向的方格数量。

"多旋转"切换效果如图 4-180 和图 4-181 所示。

图 4-179　　　　　　　　图 4-180　　　　　　　　图 4-181

5．带状滑动

"带状滑动"特效使影片 B 以条状进入并逐渐覆盖影片 A。双击效果，在"效果控件"窗口中单击"自定义"按钮，弹出"带状滑动设置"对话框，如图 4-182 所示。

- ● "带数量"：输入切换带数目。

"带状滑动"转换特效效果如图 4-183 和图 4-184 所示。

图 4-182   图 4-183   图 4-184

6. 拆分

"拆分"特效使影片 A 像自动门一样打开露出影片 B，效果如图 4-185 和图 4-186 所示。

图 4-185   图 4-186

7. 推

"推"特效使影片 B 将影片 A 推出屏幕，效果如图 4-187 和图 4-188 所示。

图 4-187   图 4-188

8. 斜线滑动

"斜线滑动"特效使影片 B 呈自由线条状滑入影片 A。双击效果，在"效果控件"窗口中单击"自定义"按钮，弹出"斜线滑动设置"对话框，如图 4-189 所示。

● "切片数量"：输入转换切片数目。

"斜线滑动"切换特效效果如图 4-190 和图 4-191 所示。

图 4-189   图 4-190   图 4-191

9. 旋绕

"旋绕"特效将影片 B 打破为若干方块从影片 A 中旋转而出。双击效果，在"效果控件"窗口中单击"自定义"按钮，弹出"旋绕设置"对话框，如图 4–192 所示。

- "水平"：输入水平方向产生的方块数量。
- "垂直"：输入垂直方向产生的方块数量。
- "速率（%）"：输入旋转度。

"旋绕"切换特效效果如图 4–193 和图 4–194 所示。

图 4–192　　　　　　　　图 4–193　　　　　　　　图 4–194

10. 滑动

"滑动"特效使影片 B 滑入覆盖影片 A，效果如图 4–195 和图 4–196 所示。

图 4–195　　　　　　　　　　　图 4–196

11. 滑动带

"滑动带"特效使影片 B 在水平或垂直的线条中逐渐显示，效果如图 4–197 和图 4–198 所示。

图 4–197　　　　　　　　　　　图 4–198

12. 滑动框

"滑动框"特效与"滑动带"类似，使影片 B 的形成更像积木的累积，效果如图 4–199 和图 4–200 所示。

图 4-199　　　　　　　　　　　图 4-200

4.2.9　特殊效果

在"特殊效果"文件夹中共包含 3 种视频转换特效。

1. 三维

"三维"特效将影片 A 中的红蓝通道映射混合到影片 B，效果如图 4-201、图 4-202 和图 4-203 所示。

图 4-201　　　　　　　　　图 4-202　　　　　　　　　图 4-203

2. 纹理化

"纹理化"特效使图像 A 作为贴图映射给图像 B，效果如图 4-204、图 4-205 和图 4-206 所示。

图 4-204　　　　　　　　　图 4-205　　　　　　　　　图 4-206

3. 置换

"置换"切换特效将处于时间轴前方的片段作为位移图，以其像素颜色值的明暗，分别用水平和垂直的错位来影响与其进行切换的片段，效果如图 4-207、图 4-208 和图 4-209 所示。

图 4-207　　　　　　　　　图 4-208　　　　　　　　　图 4-209

4.2.10　缩放

在"缩放"文件夹下共包含 4 种以缩放方式过渡的切换视频特效。

1．交叉缩放

"交叉缩放"特效使影片 A 放大冲出，影片 B 缩小进入，效果如图 4-210 和图 4-211 所示。

图 4-210　　　　　　　　　　　　　　　　图 4-211

2．缩放

"缩放"特效使影片 B 从影片 A 中放大出现，效果如图 4-212 和图 4-213 所示。

图 4-212　　　　　　　　　　　　　　　　图 4-213

3．缩放框

"缩放框"特效使影片 B 分为多个方块从影片 A 中放大出现。在"效果控件"窗口中单击"自定义"按钮，弹出"缩放框设置"对话框，如图 4-214 所示。

● "形状数量"：拖曳滑块，设置宽和高的方块数量。

"缩放框"切换特效如图 4-215 和图 4-216 所示。

图 4-214　　　　　　　　　图 4-215　　　　　　　　　图 4-216

4．缩放轨迹

"缩放轨迹"特效使影片 A 缩小并带有拖尾消失，效果如图 4-217 和图 4-218 所示。

图 4-217

图 4-218

4.2.11 页面剥落

在"页面剥落"文件夹中共有以下 5 种视频切换效果。

1. 中心剥落

"中心剥落"特效使影片 A 在正中心分为 4 块分别向四角卷起,露出影片 B,效果如图 4-219 和图 4-220 所示。

图 4-219

图 4-220

2. 剥开背面

"剥开背面"特效使影片 A 由中心点向四周分别卷起，露出影片 B，效果如图 4-221 和图 4-222 所示。

图 4-221

图 4-222

3. 卷走

"卷走"特效使影片 A 产生卷轴卷起效果，露出影片 B，效果如图 4-223 和图 4-224 所示。

图 4-223

图 4-224

4. 翻页

"翻页"特效使影片 A 从左上角向右下角卷动,露出影片 B,效果如图 4-225 和图 4-226 所示。

图 4-225 　　　　　　　　　　　　　　　　图 4-226

5. 页面剥落

"页面剥落"特效使影片 A 像纸一样翻面卷起,露出影片 B,如图 4-227 和图 4-228 所示。

图 4-227 　　　　　　　　　　　　　　　　图 4-228

4.3 课堂练习——汽车展会

练习知识要点

　　使用"马赛克"命令制作图像马赛克效果与动画;使用"水波块"命令制作图像水波块效果;使用"旋绕"命令制作图像旋转效果。汽车展会效果如图 4-229 所示。

效果所在位置

　　资源包/Ch04/汽车展会.prproj。

图 4-229

汽车展会

4.4 课后习题——夕阳美景

习题知识要点

使用"筋斗过渡"命令制作图像旋转翻转效果；使用"伸展进入"命令制作图像从中心横向伸展转场效果；使用"圆划像"命令制作呈圆形展开效果；使用"随机反转"命令制作视频随机反色效果，夕阳美景如图 4-230 所示。

效果所在位置

资源包/Ch04/夕阳美景.prproj。

图 4-230

夕阳美景

5

第 5 章
视频特效应用

本章主要讲解 Premiere Pro CC 中的视频特效，这些特效可以应用在视频、图片和文字上。通过对本章的学习，读者可以快速了解并掌握视频特效制作的精髓，随心所欲地创作出丰富多彩的视觉效果。

课堂学习目标

- 了解应用视频特效的方法
- 掌握使用关键帧控制效果的操作方法
- 熟练掌握视频特效与特效操作

5.1 应用视频特效

在 Premiere Pro CC 中的编辑过程是非线性的，可以在任何时候插入、复制、替换、传递和删除素材片段，还可以采取各种各样的顺序和效果进行试验，并在合成最终影片或输出到磁带前进行预演。

为素材添加一个效果很简单，只需从"效果"窗口中拖曳一个特效到"时间轴"窗口中的素材片段上即可。如果素材片段处于被选中状态，也可以拖曳效果到该片段的"效果控件"窗口中。

5.2 使用关键帧控制效果

在 Premiere Pro CC 中，可以添加、选择和编辑关键帧，下面对关键帧的基本操作进行具体介绍。

5.2.1 课堂案例——飞舞的蒲公英

⊕ 案例学习目标

编辑图与图之间的过渡关键帧。

⊕ 案例知识要点

使用"位置"和"缩放"选项编辑蒲公英的位置与大小并制作位置动画；使用"边角定位"命令编辑蒲公英的大小并制作动画；使用复制粘贴命令制作其他动画。飞舞的蒲公英效果如图 5-1 所示。

⊕ 效果所在位置

资源包/Ch05/飞舞的蒲公英. prproj。

图 5-1

1. 新建项目与导入素材

STEP↘1 启动 Premiere Pro CC 软件，弹出"欢迎使用 Adobe Premiere Pro"界面，单击"新建项目"按钮 📄 新建项目... ，弹出"新建项目"对话框，设置"位置"选项，选择保存文件路径，在"名称"文本框中输入文件名"飞舞的蒲公英"，如图 5-2 所示。单击"确定"按钮，然后按<Ctrl>+<N>组合键，弹出"新建序列"对话框，在左侧的列表中展开"DV-PAL"选项，选中"标准 48kHz"模式，如图 5-3 所示，单击"确定"按钮。

飞舞的蒲公英 1

STEP↘2 选择"文件 > 导入"命令，弹出"导入"对话框，选择资源包中的"Ch05/飞舞的蒲公英/素材/01 和 02"文件，单击"打开"按钮，导入视频文件，如图 5-4 所示。导入后的文件排列在"项目"面板中，如图 5-5 所示。

图 5-2

图 5-3

图 5-4

图 5-5

STEP 3 在"项目"面板中选中"01"文件并将其拖曳到"时间轴"窗口中的"视频 1"轨道中，选中"02"文件，并拖曳到"时间轴"窗口中的"视频 2"轨道中，如图 5-6 所示。将时间指示器放置在 6:00 s 的位置，在"时间轴"窗口中的"视频 1"轨道上选中"01"文件，将鼠标指针放在"01"文件的尾部，当鼠标指针呈 状时，向后拖曳鼠标到 6:00 s 的位置上，如图 5-7 所示。

图 5-6

图 5-7

STEP 4 将时间指示器放置在 1:00 s 的位置，在"时间轴"窗口中的"视频 2"轨道上选中"02"文件，将鼠标指针放在"02"文件的头部，当鼠标指针呈 状时，向后拖曳鼠标到 1:00 s 的位置上，如图 5-8 所示。将时间指示器放置在 4:00 s 的位置，将鼠标指针放在"02"文件的尾部，当鼠标指针呈 状时，向前拖曳鼠标到 4:00 s 的位置上，如图 5-9 所示。

图 5-8   图 5-9

2. 编辑蒲公英动画

STEP 1 将时间指示器放置在 1:00 s 的位置，选择"效果控件"面板，展开"运动"选项，将"位置"选项设置为 200.0 和 600.0，"缩放"选项设置为 40.0，单击"位置"选项前面的记录动画按钮，如图 5-10 所示，记录第 1 个动画关键帧。将时间指示器放置在 2:00 s 的位置，"位置"选项设置为 322.3 和 372.9，如图 5-11 所示，记录第 2 个动画关键帧。

飞舞的蒲公英 2

图 5-10   图 5-11

STEP 2 将时间指示器放置在 3:00 s 的位置，"位置"选项设置为 174.2 和 344.3，如图 5-12 所示，记录第 3 个动画关键帧。将时间指示器放置在 4:00 s 的位置，"位置"选项设置为 287.4 和 142.8，如图 5-13 所示，记录第 4 个动画关键帧。

图 5-12   图 5-13

STEP 3 选择"窗口 > 效果"命令，弹出"效果"面板，展开"效果"分类选项，单击"扭曲"文件夹前面的三角形按钮 ▷ 将其展开，选中"边角定位"特效，如图 5-14 所示。将"边角定位"特效拖曳到"时间轴"窗口中"视频 2"轨道的"02"文件上，如图 5-15 所示。

图 5-14

图 5-15

STEP 4 将时间指示器放置在 1:00 s 的位置，在"效果控件"面板中展开"边角定位"特效，将"右上"选项设置为 267.0 和 0，"左下"选项设置为 0 和 251.0，"右下"选项设置为 267.0 和 251.0，单击"左上""右上""左下"和"右下"选项前面的记录动画按钮 ，如图 5-16 所示，记录第 1 个动画关键帧。

STEP 5 将时间指示器放置在 2:00 s 的位置，将"左上"选项设置为-19.0 和 26.0，"右上"选项设置为 300.0 和-28.0，"左下"选项设置为 40.0 和 206.0，"右下"选项设置为 316.0 和 160.0，如图 5-17 所示，记录第 2 个动画关键帧。将时间指示器放置在 4:00 s 的位置，将"左上"选项设置为-36.0 和 17.0，"右上"选项设置为 333.0 和 26.0，"左下"选项设置为 31.0 和 216.0，"右下"选项设置为 344.0 和 235.0，如图 5-18 所示，记录第 3 个动画关键帧。

图 5-16

图 5-17

图 5-18

3. 编辑第 2 个蒲公英动画

STEP 1 在"时间轴"窗口中选择"视频 2"轨道中的"02"文件，将时间指示器放置在 2:00 s 的位置，按<Ctrl>+<C>组合键复制"视频 2"轨道中的"02"文件，同时锁定 02、01 轨道。选择"视频 3"轨道，按<Ctrl>+<V>组合键将复制出的"02"文件粘贴到"视频 3"中，如图 5-19 所示。选中"视频 3"轨道中的"02"文件，在"效果控件"面板中展开"运动"特效，单击"缩放"选项前面的记录动画按钮 ，取消关键帧，将"缩放"选项设置为 30.0，如图 5-20 所示。

图 5-19

图 5-20

STEP 2 将时间指示器放置在 2:00 s 的位置，单击"旋转"选项前面的记录动画按钮 🔘，如图 5-21 所示，记录第 1 个动画关键帧。将时间指示器放置在 4:00 s 的位置，将"旋转"选项设置为 183.0，如图 5-22 所示，记录第 2 个动画关键帧。将时间指示器放置在 5:00 s 的位置，将"旋转"选项设置为 350.0°，如图 5-23 所示，记录第 3 个动画关键帧。

图 5-21

图 5-22

图 5-23

STEP 3 在"节目"窗口中预览效果，如图 5-24 所示。用相同的方法制作"视频 4"轨道与"视频 5"轨道，层的排序如图 5-25 所示。解锁所有的轨道，飞舞的蒲公英制作完成，效果如图 5-26 所示。

图 5-24

图 5-25

图 5-26

5.2.2 关于关键帧

要使效果随时间而改变，可以使用关键帧技术。当创建了一个关键帧后，就可以指定一个效果属性在确切的时间点上的值。当为多个关键帧赋予不同的值时，Premiere Pro CC 会自动计算关键帧之间的值，这个处理过程称为"插补"。对于大多数标准效果，都可以在素材的整个时间长度中设置关键帧。对于固定效果，如位置和缩放，可以设置关键帧，使素材产生动画，也可以移动、复制或删除关键帧和改变插补的模式。

5.2.3 激活关键帧

为了设置动画效果属性，必须激活属性的关键帧，任何支持关键帧的效果属性都包括固定动画按钮🕙，单击该按钮可插入一个关键帧。插入关键帧（即激活关键帧）后，就可以添加和调整素材所需要的属性，效果如图 5-27 所示。

图 5-27

5.3 视频特效与特效操作

在认识了视频特效的基本使用方法之后，下面将对 Premiere Pro CC 中各视频特效进行详细的讲解。

5.3.1 模糊与锐化视频特效

模糊与锐化视频特效主要针对镜头画面锐化或模糊进行处理，共包含 10 种特效。

1. 复合模糊

该特效主要通过模拟摄像机快速变焦和旋转镜头来产生具有视觉冲击力的模糊效果。应用该特效后，其参数面板如图 5-28 所示。

- "模糊图层"：单击按钮 视频 1 ▼ ，在弹出的列表中选择要模糊的视频轨道，如图 5-29 所示。
- "最大模糊"：对模糊的数值进行调节。
- "伸缩对应图以适应"：勾选此复选框可以对使用模糊效果的影片

图 5-28

画面进行拉伸处理。

- "反转模糊"：用于对当前设置的效果反转，即模糊反转。

应用"复合模糊"特效前、后效果如图 5-30 和图 5-31 所示。

图 5-29   图 5-30   图 5-31

2. 快速模糊

该特效可以指定画面模糊程度，同时可以指定水平、垂直或两个方向的模糊程度，该特效在模糊图像时比使用"高斯模糊"处理速度快。应用该特效后，参数面板如图 5-32 所示。

- "模糊度"：用于调节控制影片的模糊程度。
- "模糊维度"：控制图像的模糊尺寸，包括水平与垂直、水平和垂直 3 种方式。

应用"快速模糊"特效前、后的效果如图 5-33 和图 5-34 所示。

图 5-32   图 5-33   图 5-34

3. 方向模糊

该特效可以在图像中产生一个方向性的模糊效果，使素材产生一种幻觉运动特效。应用该特效后，其参数面板如图 5-35 所示。

- "方向"：用于设置模糊方向。
- "模糊长度"：用于设置图像虚化的程度，拖曳滑块调整数值，其数值范围在 0~20。当需要用到高于 20 的数值时，可以单击选项右侧带下划线的数值，将参数文本框激活，然后输入需要的数值。

应用"方向模糊"特效前、后的效果如图 5-36 和图 5-37 所示。

图 5-35

图 5-36

图 5-37

4. 消除锯齿

该特效通过平均化图像对比度区域的颜色值来平均整个图像，使图像的高亮区和低亮区渐变柔和，应用该特效后，面板不会产生任何参数设置，只对图像进行默认柔化。应用"消除锯齿"特效前、后的图像效果如图 5-38 和图 5-39 所示。

图 5-38

图 5-39

5. 相机模糊

该特效可以产生图像离开摄像机焦点范围时所产生的"虚焦"效果。应用该特效后，面板如图 5-40 所示。

用户可以调整窗口中的参数对该特效效果进行设置，直到满意为止。在窗口中单击"设置"按钮，弹出"相机模糊设置"对话框，对图像进行设置，如图 5-41 所示，设置完成后，单击"确定"按钮。

应用"相机模糊"特效前、后的图像效果如图 5-42 和图 5-43 所示。

图 5-40

图 5-41

图 5-42

图 5-43

6. 通道模糊

"通道模糊"特效可以对素材的红、绿、蓝和 Alpha 通道分别进行模糊,还可以指定模糊的方向是水平、垂直或双向。使用这个特效可以创建辉光效果,或将一个图层的边缘附近变得不透明。

在"效果控件"窗口中可以设置特效的参数,如图 5-44 所示。

● "红色模糊度":设置红色通道的模糊程度。

● "绿色模糊度":设置绿色通道的模糊程度。

● "蓝色模糊度":设置蓝色通道的模糊程度。

● "Alpha 模糊度":设置 Alpha 通道的模糊程度。

● "边缘特性":勾选"重复边缘像素"复选框,可以使图像的边缘更加透明化。

● "模糊维度":控制图像的模糊方向包括水平和垂直、水平及垂直 3 种方式。

应用"通道模糊"特效前、后的效果如图 5-45 和图 5-46 所示。

图 5-44

图 5-45

图 5-46

7. 重影

"重影"特效可以使影片中运动物体后面跟着的阴影一起移动,效果如图 5-47 和图 5-48 所示。

图 5-47

图 5-48

8. 锐化

该特效通过增加相邻像素间的对比度使图像清晰化。应用该特效后,其参数面板如图 5-49 所示。

● "锐化量":用于调整画面的锐化程度。

应用"锐化"特效前、后的效果如图 5-50 和图 5-51 所示。

图 5-49

图 5-50　　　　　　　　　　　　　　　图 5-51

9. 非锐化遮罩

运用该特效，可以调整图像的色彩锐化程度。应用该特效后，其参数面板如图 5-52 所示。

- "数量"：设置颜色边缘差别值大小。
- "半径"：设置颜色边缘产生差别的范围。
- "阈值"：设置颜色边缘之间允许的差别范围，值越小效果越明显。

应用"非锐化遮罩"特效前、后的效果如图 5-53 和图 5-54 所示。

图 5-52　　　　　　　　　图 5-53　　　　　　　　　图 5-54

10. 高斯模糊

该特效可以大幅度模糊图像，使其产生虚化的效果。应用该特效后，其参数面板如图 5-55 所示。

- "模糊度"：用于调节控制影片的模糊程度。
- "模糊尺寸"：控制图像的模糊尺寸，包括水平和垂直、水平及垂直 3 种方式。

应用"高斯模糊"特效前、后的效果如图 5-56 和图 5-57 所示。

图 5-55　　　　　　　　　图 5-56　　　　　　　　　图 5-57

5.3.2 通道视频特效

通道视频特效可以对素材的通道进行处理，实现图像颜色、色调、饱和度和亮度等颜色属性的改变，共有 7 种特效。

1. 反转

该特效将图像的颜色进行反色显示，使处理后的图像看起来像照片的底片，应用该特效前、后的效果如图 5-58 和图 5-59 所示。

图 5-58　　　　　　　　　　　　图 5-59

2. 复合运算

该特效与"混合"特效类似，都是将两个重叠素材的颜色相互组合在一起。应用该特效后，其参数面板如图 5-60 所示。

- "第二个源图层"：用于当前操作中指定原始的图层。
- "运算符"：选择两个素材混合模式。
- "在通道上运算"：选择混合素材进行操作的通道。
- "溢出特性"：选择两个素材混合后颜色允许的范围。
- "伸缩第二个源以适合"：当素材与混合素材大小相同时，不勾选该复选框，混合素材与原素材将无法对齐重合。
- "与原始图像混合"：设置混合素材的透明值。

图 5-60

应用"复合运算"特效前、后的效果如图 5-61、图 5-62 和图 5-63 所示。

图 5-61　　　　　　　　图 5-62　　　　　　　　图 5-63

3. 混合

该特效是将两个通道中的图像按指定方式进行混合，从而达到改变图像色彩的效果。应用该特效后，其参数面板如图 5-64 所示。

- "与图层混合"：选择重叠对象所在的视频轨道。
- "模式"：选择两个素材混合的部分。
- "与原始图像混合"：设置所选素材与原素材混合值，值越小效果越明显。

● "如果图层大小不同"：图层的尺寸不同时，该选项可对图层的对齐方式进行设置。

应用"混合"特效前、后的效果如图 5-65、图 5-66 和图 5-67 所示。

图 5-64

图 5-65

图 5-66

图 5-67

4. 算术

"算法"特效提供了各种用于图像通道的简单数学运算。应用该特效后，其参数面板如图 5-68 所示。

● "运算符"：用于选择一种计算方式。

● "红色值"：设置图片要进行计算的红色值。

● "绿色值"：设置图片要进行计算的绿色值。

● "蓝色值"：设置图片要进行计算的蓝色值。

● "剪切结果值"：裁剪计算得出的数值，创造有效的范围彩色数值。如果不勾选该复选框，一些彩色值可能会在计算时超出彩色数值范围。

应用"算法"特效前、后的效果如图 5-69 和图 5-70 所示。

图 5-68

图 5-69

图 5-70

5. 纯色合成

该特效可以将一种颜色填充合成图像，放置在原始素材的后面。应用该特效后，其参数面板如图 5-71 所示。

- "源不透明度"：用于指定素材层的不透明度。
- "颜色"：用于设置新填充图像的颜色。
- "不透明度"：控制新填充图像的不透明度。
- "混合模式"：设置素材层和填充图像以何种方式混合。

应用"纯色合成"特效前、后的效果如图 5-72、图 5-73 和图 5-74 所示。

图 5-71

图 5-72

图 5-73

图 5-74

6. 计算

该特效通过通道混合进行颜色调整。应用该特效后，其参数面板如图 5-75 所示。

- "输入"：设置原素材显示。
- "输入通道"：选择需要显示的通道，其中各选项如下。
  - "RGBA"：正常输入所有通道。
  - "灰色"：呈灰色显示原来的 RGBA 图像的亮度。
  - "红色""绿色""蓝色""Alpha"通道：选择对应的通道，显示对应通道。
- "反转输入"：将"输入通道"中选择的通道反向显示。
- "第二个源"：设置与原素材混合的素材。
- "第二个图层"：选择与原素材混合素材所在的视频轨道。
- "第二个图层通道"：选择与原素材混合显示的通道。其下方选项的作用与"输入"设置框中的"输入通道"相同。

图 5-75

- "第二个图层不透明度"：设置与原素材混合素材的不透明度值。
- "反转第二个图层"：与"反相输入"作用相同，但这里指的是与原素材混合的素材。
- "伸缩第二个图层以适合"：当混合素材小于原素材，勾选该复选框将在显示最终效果时放大混合素材。
- "混合模式"：用于设置原素材与第二信号源的多种混合模式。
- "保持透明度"：确保被影响素材的透明度不被修改。

应用"计算"特效前、后的效果如图 5-76、图 5-77 和图 5-78 所示。

图 5-76

图 5-77

图 5-78

7．设置遮罩

以当前层的 Alpha 通道取代指定层的 Alpha 通道，使之产生运动屏蔽的效果。应用该特效后，其参数面板如图 5-79 所示。

- "从图层获取遮罩"：该选项用于指定作为蒙版的图层。
- "用于遮罩"：选择指定的蒙版层用于效果处理的通道。
- "反转遮罩"：反转蒙版层的透明度。
- "伸缩遮罩以适合"：用于放大或缩小屏蔽层的尺寸，使之与当前层适配。
- "将遮罩与原始图像合成"：使当前层合成新的蒙版，而不是替换原始素材层。
- "预乘遮罩图层"：勾选该复选框，软化蒙版层素材的边缘。

图 5-79

应用"设置遮罩"特效前、后的效果如图 5-80、图 5-81 和图 5-82 所示。

图 5-80

图 5-81

图 5-82

5.3.3　课堂案例——脱色特效

案例学习目标

使用色彩校正命令制作脱色特效。

🔍 **案例知识要点**

使用"亮度与对比度"命令制作调整图片的亮度与对比度；使用"分色"命令制作图片的脱色效果；使用"亮度曲线"命令调整图片的亮度；使用"更改颜色"命令改变图片中需要的颜色。脱色特效效果如图 5-83 所示。

🔍 **效果所在位置**

资源包/Ch05/脱色特效. prproj。

图 5-83

脱色特效

STEP 1 启动 Premiere Pro CC 软件，弹出"欢迎使用 Adobe Premiere Pro"界面，单击"新建项目"按钮 📹 新建项目…，弹出"新建项目"对话框，设置"位置"选项，选择保存文件路径，在"名称"文本框中输入文件名"脱色效果"，如图 5-84 所示，单击"确定"按钮，完成项目的新建。按 Ctrl+N 组合键，弹出"新建序列"对话框，在左侧的列表中展开"DV-PAL"选项，选中"标准 48kHz"模式，如图 5-85 所示，单击"确定"按钮，完成序列的新建。

图 5-84

图 5-85

STEP 2 选择"文件 > 导入"命令，弹出"导入"对话框，选择资源包中的"Ch05/脱色特效/素材/01"文件，单击"打开"按钮，导入文件，如图 5-86 所示。导入后的文件排列在"项目"面板中，如图 5-87 所示。

图 5-86　　　　　　　　　　　　　　　　　图 5-87

STEP 3 在"项目"面板中选中"01"文件并将其拖曳到"时间轴"窗口中的"视频 1"轨道中，如图 5-88 所示。在"节目"窗口中预览效果，如图 5-89 所示。

图 5-88　　　　　　　　　　　　　　　　　图 5-89

STEP 4 选择"窗口 > 效果"命令，弹出"效果"面板，展开"视频效果"分类选项，单击"颜色校正"文件夹前面的三角形按钮 ▶ 将其展开，选中"亮度与对比度"特效，如图 5-90 所示。将"亮度与对比度"特效拖曳到"时间轴"窗口中的"视频 1"轨道的"01"文件上，如图 5-91 所示。

图 5-90　　　　　　　　　　　　　　　　　图 5-91

STEP 5 选择"效果控件"面板，展开"亮度与对比度"特效并进行参数设置，如图 5-92 所示。在"节目"窗口中预览效果，如图 5-93 所示。

图 5-92

图 5-93

STEP 6 选择"窗口 > 效果"命令，弹出"效果"面板，展开"视频效果"分类选项，单击"颜色校正"文件夹前面的三角形按钮 ▶ 将其展开，选中"分色"特效，如图 5-94 所示。将"分色"特效拖曳到"时间轴"窗口中的"视频 1"轨道的"01"文件上，如图 5-95 所示。

图 5-94

图 5-95

STEP 7 选择"效果控件"面板，展开"分色"特效，在图像上吸取要保留的颜色，其他参数设置如图 5-96 所示。在"节目"窗口中预览效果，如图 5-97 所示。

图 5-96

图 5-97

STEP 8 选择"窗口 > 效果"命令，弹出"效果"面板，展开"视频效果"分类选项，单击"颜色校正"文件夹前面的三角形按钮 ▶ 将其展开，选中"亮度曲线"特效，如图 5-98 所示。将"亮度曲线"特效拖曳到"时间轴"窗口中的"视频 1"轨道的"01"文件上，如图 5-99 所示。

图 5-98　　　　　　　　　　　　　图 5-99

STEP 9 选择"效果控件"面板，展开"亮度曲线"特效并进行参数设置，如图 5-100 所示。在"节目"窗口中预览效果，如图 5-101 所示。

图 5-100　　　　　　　　　　　　　图 5-101

STEP 10 选择"窗口 > 效果"命令，弹出"效果"面板，展开"视频效果"分类选项，单击"颜色校正"文件夹前面的三角形按钮 ▶ 将其展开，选中"更改颜色"特效，如图 5-102 所示。将"更改颜色"特效拖曳到"时间轴"窗口中的"视频 1"轨道的"01"文件上，如图 5-103 所示。

图 5-102　　　　　　　　　　　　　图 5-103

STEP 11 选择"效果控件"上面板，展开"更改颜色"特效并进行参数设置，如图 5-104 所示。在"节目"窗口中预览效果，如图 5-105 所示。脱色特效制作完成。

图 5-104

图 5-105

5.3.4 颜色校正视频特效

颜色校正视频特效主要用于对视频素材进行颜色校正，该特效包括以下 18 种类型。

1. Lumetri

该特效可加载主流的 LUT，它继承了 CC 全新的 GPU 加速引擎特性，执行效率非常高，实时回放、编码渲染速度秒杀 LUT Buddy。

2. RGB 曲线

该特效通过曲线调整红色、绿色和蓝色通道中的数值，达到改变图像色彩的目的。应用"RGB 曲线"特效前、后的效果如图 5-106 和图 5-107 所示。

图 5-106

图 5-107

3. RGB 颜色校正器

该特效通过修改 R、G、B 这 3 个通道中的参数，可以实现图像色彩的改变。应用"RGB 颜色校正器"特效前、后的效果如图 5-108 和图 5-109 所示。

图 5-108

图 5-109

4．三向颜色校正器

该特效通过旋转 3 个色盘来调整颜色的平衡。应用"三向颜色校正器"特效前、后的效果如图 5-110 和图 5-111 所示。

图 5-110　　　　　　　　　　　　　图 5-111

5．亮度与对比度

该特效用于调整素材的亮度和对比度，并同时调节所有素材的亮部、暗部和中间色。应用该特效后，其参数面板如图 5-112 所示。

- "亮度"：调整素材画面的亮度。
- "对比度"：调整素材画面的对比度。

应用"亮度与对比度"特效前、后的效果如图 5-113 和图 5-114 所示。

图 5-112　　　　　　　　　图 5-113　　　　　　　　　图 5-114

6．亮度曲线

该特效通过亮度曲线图实现对图像亮度的调整。应用"亮度曲线"特效前、后的效果如图 5-115 和图 5-116 所示。

图 5-115　　　　　　　　　　　　　图 5-116

7. 亮度校正器

该特效通过亮度进行图像颜色的校正。应用该特效后，其参数面板如图5-117所示。

- "输出"：设置输出的选项，包括"复合""亮度"和"色调范围"3个选项，如果勾选"显示拆分视图"复选框，就可以对图像进行分屏预览。
- "布局"：设置分屏预览的布局，分为水平和垂直两个选项。
- "拆分视图百分比"：用于对分屏比例进行设置。
- "色调范围定义"：用于选择调整的区域。"色调范围"下拉列表中包含了"主""高光""中间调"和"阴影"4个选项。
- "亮度"：对图像的亮度进行设置。
- "对比度"：该参数用于改变图像的对比度。
- "对比度级别"：用于设置对比度的级别。
- "灰度系数"：在不影响黑白色阶的情况下调整图像的中间调值。
- "基值"：通过将固定偏移添加到图像的像素值中来调整图像。
- "增益"：通过乘法调整亮度值，从而影响图像的总体对比度。
- "辅助颜色校正"：用于设置二级色彩修正。

应用"亮度校正器"特效前、后的效果如图5-118和图5-119所示。

图5-117　　　　　　　图5-118　　　　　　　图5-119

8. 分色

该特效可以准确地指定颜色或者删除图层中的颜色。应用该特效后，其参数面板如图5-120所示。

- "脱色量"：设置指定层中需要删除的颜色数量。
- "要保留的颜色"：设置图像中需分离的颜色。
- "容差"：用于设置颜色的容差度。
- "边缘柔和度"：用于设置颜色分界线的柔化程度。
- "匹配颜色"：设置颜色的对应模式。

应用"分色"特效前、后的效果如图5-121和图5-122所示。

图5-120

图 5-121　　　　　　　　　　　图 5-122

9. 均衡

该特效可以修改图像的像素值，并将其颜色值进行平均化处理。应用该特效后，其参数面板如图 5-123
所示。

- "均衡"：用于设置平均化的方式，包括"RGB""亮度"和"Photoshop 样式"3 个选项。
- "均衡量"：用于设置重新分布亮度值的程度。

应用"均衡"特效前、后的效果如图 5-124 和图 5-125 所示。

图 5-123　　　　　　　　　图 5-124　　　　　　　　图 5-125

10. 广播级颜色

该特效可以校正广播级的颜色和亮度，使影视作品在电视机中精确播放。应用该特效后，其参数面板
如图 5-126 所示。

- "广播区域设置"：用于设置 PAL 和 NTSC 两种电视制式。
- "确保颜色安全的方式"：设置实现安全色的方法。
- "最大信号振幅（IRE）"：限制最大的信号幅度。

应用"广播级颜色"特效前、后的效果如图 5-127 和图 5-128 所示。

图 5-126　　　　　　　　　图 5-127　　　　　　　　图 5-128

11. 快速颜色校正器

该特效能够快速地进行图像颜色修正。应用该特效后，其参数面板如图 5-129 所示。

- "输出"：设置输出的选项，包括"合成"和"亮度"两个选项，如果勾选"显示拆分视图"复选框，就可对图像进行分屏预览。
- "布局"：设置分屏预览的布局，包括"水平"和"垂直"两个选项。
- "拆分视图百分比"：用于对分屏比例进行设置。
- "白平衡"：用于设置白色平衡，数值越大，画面中的白色越多。
- "色相平衡和角度"：用于调整色调平衡和角度，可以直接使用色盘改变画面中的色调。
- "色相角度"：设置色调的补色在色盘上的位置。
- "平衡数量级"：设置平衡的数量。
- "平衡增益"：增加白色平衡。
- "平衡角度"：设置白色平衡的角度。
- "饱和度"：用于设置画面颜色的饱和度。

图 5-129

- 自动黑色阶：单击该按钮，将自动进行黑色级别调整。
- 自动对比度：单击该按钮，将自动进行对比度调整。
- 自动白色阶：单击该按钮，将自动进行白色级别调整。
- "黑色阶"：用于设置黑色级别的颜色。
- "灰色阶"：用于设置灰色级别的颜色。
- "白色阶"：用于设置白色级别的颜色。
- "输入色阶"：对输入的颜色进行级别调整，拖曳该选项颜色条下的 3 个滑块，将对"输入黑色阶""输入灰色阶"和"输入白色阶"3 个参数产生影响。
- "输出色阶"：对输出的颜色进行级别调整，拖曳该选项颜色条下的两个滑块，将对"输出黑色阶"和"输出白色阶"两个参数产生影响。
- "输入黑色阶"：用于调节黑色输入时的级别。
- "输入灰色阶"：用于调节灰色输入时的级别。
- "输入白色阶"：用于调节白色输入时的级别。
- "输出黑色阶"：用于调节黑色输出时的级别。
- "输出白色阶"：用于调节白色输出时的级别。

应用"快速色彩校正"特效前、后的效果如图 5-130 和图 5-131 所示。

图 5-130

图 5-131

12. 更改为颜色

该特效可以在图像中选择一种颜色将其转换为另一种颜色的色调、明度和饱和度。应用该特效后，其
参数面板如图 5-132 所示。

- "自"：设置当前图像中需要转换的颜色，可以利用其右侧的"吸管工具" 🖋 在"节目"预览窗口中提取颜色。
- "至"：设置转换后的颜色。
- "更改"：设置在 HLS 颜色模式下产生影响的通道。
- "更改方式"：设置颜色转换方式，包括"设置为颜色"和"变换为颜色"两个选项。
- "容差"：设置色调、明暗度和饱和度的值。
- "柔和度"：通过百分比的值控制柔和度。
- "查看校正遮罩"：通过遮罩控制发生改变的部分。

应用"更改为颜色"特效前、后的效果如图 5-133 和图 5-133 所示。

图 5-132

图 5-133

图 5-134

13. 更改颜色

该特效用于改变图像中某种颜色区域的色调。应用该特效后，其参数面板如图 5-135 所示。

- "视图"：该选项用于设置在合成图像中观看的效果，包含了两个选项，分别为"校正的图层"和"色彩校正蒙版"。
- "色相变换"：调整色相，以"度"为单位改变所选区域的颜色。
- "亮度变换"：设置所选颜色的明暗度。
- "饱和度变换"：设置所选颜色的饱和度。
- "要更改的颜色"：设置图像中要改变颜色的区域。
- "匹配容差"：设置颜色匹配的相似程度。
- "匹配柔和度"：设置颜色的柔和度。
- "匹配颜色"：设置颜色空间，包括"使用 RGB""使用色相"和"使用色度"3 个选项。
- "反转颜色校正蒙版"：勾选此复选框，可以将颜色进行反向校正。
- 应用"更改颜色"特效前、后的效果如图 5-136 和图 5-137 所示。

图 5-135　　　　　　　　图 5-136　　　　　　　　图 5-137

14．色调

该特效用于调整图像中包含的颜色信息，在最亮和最暗之间确定融合度。应用"色调"特效前、后的效果如图 5-138 和图 5-139 所示。

图 5-138　　　　　　　　　　图 5-139

15．视频限幅器

该特效利用视频限制器对图像的颜色进行调整。应用"视频限幅器"特效前、后的效果如图 5-140 和图 5-141 所示。

图 5-140　　　　　　　　　　图 5-141

16．通道混合器

该特效用于调整通道之间的颜色数值，实现图像颜色的调整。通过选择每一个颜色通道的百分比组成可以创建高质量的灰度图像，还可以创建高质量的棕色或其他色调的图像，而且可以对通道进行交换和复制。应用"通道混合器"特效前、后的效果如图 5-142 和图 5-143 所示。

图 5-142   图 5-143

17. 颜色平衡

应用该特效，可以按照 RGB 颜色调节影片的颜色，以达到校色的目的。应用"颜色平衡"特效前、后的效果如图 5-144 和图 5-145 所示。

图 5-144   图 5-145

18. 颜色平衡（HLS）

通过对图像色相、亮度和饱和度的精确调整，可以实现对图像颜色的改变。应用该特效后，其参数面板如图 5-146 所示。

- "色相"：该参数可以改变图像的色相。
- "亮度"：设置图像的亮度。
- "饱和度"：设置图像的饱和度。

应用"颜色平衡（HLS）"特效前、后的效果如图 5-147 和图 5-148 所示。

图 5-146   图 5-147   图 5-148

5.3.5 课堂案例——镜像效果

🔍 案例学习目标

使用镜像命令制作镜像效果。

> **案例知识要点**

使用"缩放"选项改变视频的大小；使用"镜像"命令制作视频图像；使用"裁剪"命令剪切水面图像；使用"透明度"选项改变水面图像的不透明度；使用"照明效果"命令改变水面图像的灯光亮度，效果如图 5-149 所示。

> **效果所在位置**

资源包/Ch05/镜像效果. prproj。

图 5-149

1. 编辑镜像视频

STEP 1 启动 Premiere Pro CC 软件，弹出"欢迎使用 Adobe Premiere Pro"界面，单击"新建项目"按钮 新建项目…，弹出"新建项目"对话框，设置"位置"选项，选择保存文件路径，在"名称"文本框中输入文件名"镜像效果"，如图 5-150 所示。单击"确定"按钮，然后按<Ctrl>+<N>组合键，弹出"新建序列"对话框，在左侧的列表中展开"DV-PAL"选项，选中"标准 48kHz"模式，如图 5-151 所示，单击"确定"按钮。

镜像效果 1

图 5-150

图 5-151

STEP 2 选择"文件 > 导入"命令，弹出"导入"对话框，选择资源包中的"Ch05/镜像效果/素材/ 01 和 02"文件，单击"打开"按钮，导入图片，如图 5-152 所示。导入后的文件排列在"项目"面板中，如图 5-153 所示。

图 5-152   图 5-153

STEP 3 在"项目"面板中选中"01"文件并将其拖曳到"时间轴"窗口中的"视频 1"轨道中，如图 5-154 所示。选择"效果控件"面板，展开"运动"选项，将"缩放"选项设置为 53.0，如图 5-155 所示。

图 5-154   图 5-155

STEP 4 选择"窗口 > 效果"命令，弹出"效果"面板，展开"视频效果"分类选项，单击"扭曲"文件夹前面的三角形按钮 ▷ 将其展开，选中"镜像"特效，如图 5-156 所示。将"镜像"特效拖曳到"时间轴"窗口中的"01"文件上，如图 5-157 所示。

图 5-156   图 5-157

STEP 5 在"时间轴"窗口中选中"视频 1"轨道中的"01"文件，选择"效果控件"面板，展开"镜像"特效，将"反射中心"选项设置为 759.5 和 641.3，"反射角度"选项设置为 90.0°，如图 5-158 所示。在"节目"窗口中预览效果，如图 5-159 所示。

图 5-158

图 5-159

2. 编辑图像透明度

STEP 1 在"项目"面板中选中"02"文件并将其拖曳到"时间轴"窗口中的"视频 2"轨道中，如图 5-160 所示。在"时间轴"窗口中选中"视频 2"轨道中的"02"文件，选择"效果控件"面板，展开"运动"选项，将"缩放"选项设置为 140.0，如图 5-161 所示。在"节目"窗口中预览效果，如图 5-162 所示。

镜像效果 2

图 5-160

图 5-161

图 5-162

STEP 2 选择"效果"面板，展开"视频效果"分类选项，单击"变换"文件夹前面的三角形按钮▷将其展开，选中"裁剪"特效，如图 5-163 所示。将"裁剪"特效拖曳到"时间轴"窗口中的"02"文件上，如图 5-164 所示。

图 5-163

图 5-164

STEP 3 选择"效果控件"面板，展开"裁剪"特效，将"顶部"选项设置为 60.0%，如图 5-165 所示。在"节目"窗口中预览效果，如图 5-166 所示。

图 5-165　　　　　　　　　　　　　　　　图 5-166

STEP 4 选择"效果控件"面板，展开"不透明度"选项，将"不透明度"选项设置为 80.0%，如图 5-167 所示。在"节目"窗口中预览效果，如图 5-168 所示。

图 5-167　　　　　　　　　　　　　　　　图 5-168

3. 编辑水面亮度

STEP 1 选择"效果"面板，展开"视频效果"分类选项，单击"调整"文件夹前面的三角形按钮▷将其展开，选中"光照效果"特效，如图 5-169 所示。将"光照效果"特效拖曳到"时间轴"窗口中的"02"文件上，如图 5-170 所示。

图 5-169　　　　　　　　　　　　　　　　图 5-170

STEP 2 选择"效果控件"面板，展开"光照效果"特效，单击"光照类型"选项右侧的按钮，在弹出的下拉列表中选择"全光源"，将"中央"选项设置为 353.4 和 396.7，"主要半径"选项设置为 24.2，"强度"选项设置为 30.0，如图 5-171 所示。在"节目"窗口中预览效果，如图 5-172 所示。镜像效果制作完成，如图 5-173 所示。

图 5-171

图 5-172

图 5-173

5.3.6 扭曲视频特效

"扭曲"视频特效主要通过对图像进行几何扭曲变形来制作出各种画面变形效果，共包含以下 13 种特效。

1. Warp Stabilizer

该特效会自动完成分析要稳定的素材，操作简单方便，并且在稳定的同时还能够在剪裁、缩放等方面得到较好的控制。

2. 位移

该特效可以根据设置的偏移量对图像进行位移。应用该特效后，其参数面板如图 5-174 所示。

● "将中心移位至"：设置偏移的中心点坐标值。
● "与原始图像混合"：设置偏移的程度，数值越大，效果越明显。

应用"位移"特效前、后的效果如图 5-175 和图 5-176 所示。

图 5-174

图 5-175

图 5-176

3. 变换

该特效用于对图像的位置、尺寸、不透明度及倾斜度等进行综合设置。应用该特效后，其参数面板如图 5-177 所示。

- "锚点"：用于设置定位点的坐标位置。
- "位置"：用于设置素材在屏幕中的位置。
- "等比缩放"：勾选此复选框，"缩放宽度"将变为不可用，"缩放高度"则变为参数选项，设置比例参数选项时将只能成比例地缩放素材。
- "缩放高度"/"缩放宽度"：用于设置素材的高度/宽度。
- "倾斜"：用于设置素材的倾斜度。
- "倾斜轴"：用于设置素材倾斜的角度。
- "旋转"：用于设置素材放置的角度。
- "不透明度"：用于设置素材的不透明度。
- "快门角度"：用于设置素材的遮挡角度。

应用"变换"特效前、后的效果如图 5-178 和图 5-179 所示。

图 5-177

图 5-178

图 5-179

4. 弯曲

应用该特效，可以制作出类似水面上的波纹效果。应用该特效后，其参数面板如图 5-180 所示。

- "水平强度"：调整水平方向素材弯曲的程度。
- "水平速率"：调整水平方向素材弯曲的比例。
- "水平宽度"：调整水平方向素材弯曲的宽度。
- "垂直强度"：调整垂直方向素材弯曲的程度。
- "垂直速率"：调整垂直方向素材弯曲的比例。
- "垂直宽度"：调整垂直方向素材弯曲的宽度。

应用"弯曲"特效前、后的效果如图 5-181 和图 5-182 所示。

图 5-180

图 5-181

图 5-182

5. 放大

该特效可以将素材的某一部分放大，并可以调整放大区域的不透明
度，羽化放大区域边缘。应用该特效后，其参数面板如图 5-183 所示。

- "形状"：设置放大区域的形状。
- "中央"：设置放大区域的中心点坐标值。
- "放大率"：设置放大区域的放大倍数。
- "链接"：选择放大区域的模式。
- "大小"：设置用于产生放大效果区域的尺寸。
- "羽化"：设置放大区域的羽化值。
- "不透明度"：设置放大部分的不透明度。
- "缩放"：设置缩放的方式。
- "混合模式"：设置放大部分与原图颜色的混合模式。
- "调整图层大小"：只有在"链接"选项中选择了"无"选项，
  才能勾选该复选框。

应用"放大"特效前、后的效果如图 5-184 和图 5-185 所示。

图 5-183

图 5-184　　　　　　　　　　图 5-185

6. 旋转

该特效可以使图像产生沿中心轴旋转的效果。应用该特效后，其参数面板如图 5-186 所示。

- "角度"：用于设置漩涡的旋转角度。
- "旋转扭曲半径"：用于设置产生漩涡的半径。
- "旋转扭曲中心"：用于设置产生漩涡的中心点位置。

应用"旋转"特效前、后的效果如图 5-187 和图 5-188 所示。

图 5-186　　　　　　　　图 5-187　　　　　　　　图 5-188

7. 果冻效应修复

该特效可以修复摄像机或拍摄对象移动产生的延迟时间形成的扭曲。应用该特效后，其参数面板如图 5-189 所示。

- "果冻效应比率"：指定帧速率（扫描时间）的百分比。
- "扫描方向"：指定发生果冻效应扫描的方向。
- "方法"：指示是否使用光流分析和像素运动重定时来生成变形的帧（像素运动），或者是否应该使用稀疏点跟踪以及变形方法（变形）。
- "详细分析"：在变形中执行更为详细的点分析。
- "像素运动细节"：指定光流矢量场计算的详细程度。

图 5-189

8. 波形变形

该特效类似于波纹效果，可以对波纹的形状、方向及宽度等进行设置。应用该特效后，其参数面板如图 5-190 所示。

- "波形类型"：用于选择波形的类型模式。
- "波形高度"/"波形宽度"：用于设置波形的高度（振幅）/宽度（波长）。
- "方向"：用于设置波形旋转的角度。
- "波形速度"：用于设置波形的运动速度。
- "固定"：用于设置波形面积模式。
- "相位"：用于设置波形的角度。
- "消除锯齿（最佳品质）"：选择波形特效的质量。

应用"波形变形"特效前、后的效果如图 5-191 和图 5-192 所示。

图 5-190

图 5-191

图 5-192

9. 球面化

应用该特效可以在素材中制作出球形画面效果。应用该特效后，其参数面板如图 5-193 所示。

- "半径"：用于设置球形的半径值。
- "球面中心"：用于设置产生球面效果的中心点位置。

应用"球面化"特效前、后的效果如图 5-194 和图 5-195 所示。

| 图 5-193 | 图 5-194 | 图 5-195 |

10. 紊乱置换

该特效可以使素材产生类似于流水、旗帜飘动或哈哈镜等的扭曲效果。应用"紊乱置换"特效前、后的效果如图 5-196 和图 5-197 所示。

| 图 5-196 | 图 5-197 |

11. 边角定位

应用该特效，可以使图像的 4 个顶点发生变化，达到变形效果。应用该特效后，其参数面板如图 5-198 所示。单击"边角定位"按钮 ，这时在"节目"监视器窗口中，图片的 4 个角上将出现 4 个控制柄 ，调整控制柄的位置就可以改变图片的形状。

- "左上"：调整素材左上角的位置。
- "右上"：调整素材右上角的位置。
- "左下"：调整素材左下角的位置。
- "右下"：调整素材右下角的位置。

应用"边角定位"特效前、后的效果如图 5-199 和图 5-200 所示。

| 图 5-198 | 图 5-199 | 图 5-200 |

12. 镜像

应用该特效可以将图像沿一条直线分割为两部分，制作出镜像效果。应用该特效后，其参数面板如图

5-201 所示。

- "反射中心"：用于设置镜像效果的中心点坐标值。
- "反射角度"：用于设置镜像效果的角度。

应用"镜像"特效前、后的效果如图 5-202 和图 5-203 所示。

图 5-201

图 5-202

图 5-203

13. 镜头扭曲

该特效是模拟一种从变形透镜观看素材的效果。应用该特效后，其参数面板如图 5-204 所示。

- "弯度"：设置素材的弯曲程度。数值为 0 以的值上时将缩小素材，数值为 0 以下的值时将放大素材。
- "垂直偏移"：设置弯曲中心点垂直方向上的位置。
- "水平偏移"：设置弯曲中心点水平方向上的位置。
- "垂直棱镜效果"：设置素材上、下两边棱角的弧度。
- "水平棱镜效果"：设置素材左、右两边棱角的弧度。

> **提示**
>
> 单击"设置"按钮 ，弹出"镜头扭曲设置"对话框，在此对话框中可以更直观地设置效果，如图 5-205 所示。

图 5-204

图 5-205

应用"镜头扭曲"特效前、后的效果如图 5-206 和图 5-207 所示。

图 5-206　　　　　　　　　　　　　　　图 5-207

5.3.7 杂色与颗粒视频特效

杂色与颗粒视频特效主要用于去除素材画面中的擦痕及噪点，共包含以下 6 种特效。

1. 中间值

该特效用于将图像的每一个像素都用它周围像素的 RGB 平均值来代替，从而达到平均整个画面的色值，得到艺术效果的目的。应用"中间值"特效前、后的效果如图 5-208 和图 5-209 所示。

图 5-208　　　　　　　　　　　　　　　图 5-209

2. 杂色

应用该特效，将在画面中添加模拟的噪点效果。应用"杂色"特效前、后的效果如图 5-210 和图 5-211 所示。

图 5-210　　　　　　　　　　　　　　　图 5-211

3. 杂色 Alpha

该特效可以在一个素材的通道中添加统一或方形的噪波。应用"杂色 Alpha"特效前、后的效果如图 5-212 和图 5-213 所示。

图 5-212   图 5-213

4. 杂色 HLS

该特效可以根据素材的色相、亮度和饱和度添加不规则的噪点。应用该特效后，其参数面板如图 5-214 所示。

- "杂色"：设置颗粒的类型。
- "色相"：用于设置色相通道产生杂质的强度。
- "亮度"：用于设置亮度通道产生杂质的强度。
- "饱和度"：用于设置饱和度通道产生杂质的强度。
- "颗粒大小"：用于设置素材中添加杂质的颗粒大小。
- "杂色相位"：用于设置杂质的方向角度。

应用"杂色 HLS"特效前、后的效果如图 5-215 和图 5-216 所示。

图 5-214   图 5-215   图 5-216

5. 杂色 HLS 自动

该特效可以为素材添加杂色，并设置这些杂色的色彩、亮度、颗粒大小、饱和度及杂质的运动速率。

应用"杂色 HLS 自动"特效前、后的效果如图 5-217 和图 5-218 所示。

图 5-217   图 5-218

6. 蒙尘与划痕

该特效可以减小图像中的杂色，以达到平衡整个图像色彩的效果。应用该特效后，其参数面板如图5-219所示。

- "半径"：设置产生柔化效果的半径范围。
- "阈值"：用于设置柔化的强度。

应用"蒙尘与划痕"特效前、后的效果如图5-220和图5-221所示。

图 5-219

图 5-220

图 5-221

5.3.8 课堂案例——变形画面

案例学习目标

编辑视频透视效果。

案例知识要点

使用"缩放"选项改变视频的大小；使用"裁剪"选项裁剪视频画面；使用"边角定位"命令制作视频变形；使用"颜色平衡"和"亮度与对比度"调整视频的颜色。变形画面效果如图5-222所示。

效果所在位置

资源包/Ch05/变形画面. prproj。

图 5-222

变形画面

1. 新建项目与导入素材

STEP 1 启动 Premiere Pro CC 软件，弹出"欢迎使用 Adobe Premiere Pro"界面，单击"新建项目"按钮 新建项目…，弹出"新建项目"对话框，设置"位置"选项，选择保存文件路径，在"名称"

文本框中输入文件名"变形画面",如图 5-223 所示。单击"确定"按钮,然后按<Ctrl>+<N>组合键,弹出"新建序列"对话框,在左侧的列表中展开"DV-PAL"选项,选中"标准 48kHz"模式,如图 5-224 所示,单击"确定"按钮。

图 5-223   图 5-224

STEP 2 选择"文件 > 导入"命令,弹出"导入"对话框,选择资源包中的"Ch05/变形画面/素材/ 01 和 02"文件,单击"打开"按钮,导入图片,如图 5-225 所示。导入后的文件排列在"项目"面板中,如图 5-226 所示。

图 5-225   图 5-226

STEP 3 在"项目"面板中,选中"01"文件并将其拖曳到"时间轴"窗口中的"视频 1"轨道中,选中"02"文件并将其拖曳到"时间轴"窗口中的"视频 2"轨道中,如图 5-227 所示。单击"视频 2"轨道前面的"可视属性"按钮 ,关闭可视性,如图 5-228 所示。单击"视频 1"轨道中的"01"文件,适当调整素材的大小。

图 5-227

图 5-228

STEP 4 在"视频 1"轨道上选中"01"文件，选择"效果控件"面板，展开"运动"选项，将"缩放"选项设置为 135.0，如图 5-229 所示。在"节目"窗口中预览效果，如图 5-230 所示。

图 5-229

图 5-230

2. 编辑变形视频

STEP 1 单击"视频 2"轨道中的"02"文件前面的"可视属性"按钮 ，打开可视性，如图 5-231 所示。选中"02"文件，选择"剪辑 > 速度/持续时间"命令，弹出对话框，设置如图 5-232 所示，单击"确定"按钮，如图 5-233 所示。

图 5-231

图 5-232

图 5-233

STEP 2 将鼠标指针放在"02"文件的结束位置，当鼠标指针呈 状时，向前拖曳光标到与"01"文件相同的位置上，如图 5-234 所示。选择"效果控件"面板，展开"运动"选项，将"缩放"选项设置为 53.0，如图 5-235 所示。

STEP 3 选择"窗口 > 效果"命令，弹出"效果"面板，展开"视频效果"分类选项，单击"变换"文件夹前面的三角形按钮 将其展开，选中"裁剪"特效，如图 5-236 所示。将"裁剪"特效拖曳到"时间轴"窗口中的"02"文件上，如图 5-237 所示。

图 5-234

图 5-235

图 5-236

图 5-237

STEP 4 在"效果控件"面板中选中"裁剪"特效，参数设置如图 5-238 所示。在"节目"窗口中预览效果，如图 5-239 所示。

图 5-238

图 5-239

STEP 5 选择"窗口 > 效果"命令，弹出"效果"面板，展开"视频效果"分类选项，单击"扭曲"文件夹前面的三角形按钮 ▷ 将其展开，选中"边角定位"特效，如图 5-240 所示。将"边角定位"特效拖曳到"时间轴"窗口中的"02"文件上，如图 5-241 所示。

STEP 6 在"效果控件"面板中选中"边角定位"特效，在"节目"窗口中可以看到图像的 4 个角上有 4 个位置坐标点，如图 5-242 所示。用鼠标拖曳 4 个位置点，将"02"文件调整至合适的大小，如图 5-243 所示。

图 5-240

图 5-241

图 5-242

图 5-243

STEP 7 在"效果"面板中，展开"视频效果"分类选项，单击"颜色校正"文件夹前面的三角形按钮 ▷ 将其展开，选中"颜色平衡"特效，如图 5-244 所示。将"颜色平衡"特效拖曳到"时间轴"窗口中的"02"文件上，如图 5-245 所示。

图 5-244

图 5-245

STEP 8 在"效果控件"面板中展开"颜色平衡"特效，参数设置如图 5-246 所示。在"节目"窗口中预览效果，如图 5-247 所示。

图 5-246   图 5-247

STEP 9 在"效果"面板中，展开"视频效果"分类选项，单击"颜色校正"文件夹前面的三角形按钮 ▷ 将其展开，选中"亮度与对比度"特效，如图 5-248 所示。将"亮度与对比度"特效拖曳到"时间轴"窗口中的"02"文件上，如图 5-249 所示。

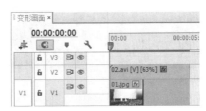

图 5-248   图 5-249

STEP 10 在"效果控件"面板中展开"亮度与对比度"特效，参数设置如图 5-250 所示。变形画面制作完成，如图 5-251 所示。

图 5-250   图 5-251

5.3.9　透视视频特效

透视视频特效主要用于制作三维透视效果，使素材产生立体感或空间感，该特效共包含 5 种类型。

1. 基本 3D

该特效可以模拟平面图像在三维空间的运动效果，能够使素材绕水平和垂直的轴旋转，或者沿着虚拟的 z 轴移动，以靠近或远离屏幕。此外，使用该特效可以为旋转的素材表面添加反光效果。应用该特效后，其参数面板如图 5-252 所示。

- “旋转”：设置素材水平旋转的角度，当旋转角度为 90° 时，可以看到素材的背面，这就成了正面的镜像。
- “倾斜”：设置素材垂直旋转的角度。
- “与图像的距离”：设置素材拉近或推远的距离。数值越大，素材距离屏幕越远，看起来越小；数值越小，素材距离屏幕越近，看起来就越大。当数值为负值时，图像会被放大并撑出屏幕之外。
- “镜面高光”：用于为素材添加反光效果。
- “预览”：设置图像以线框的形式显示。

应用“基本 3D”特效前、后的效果如图 5-253 和图 5-254 所示。

图 5-252

图 5-253

图 5-254

2. 投影

该特效可用于为素材添加阴影。应用该特效后，其参数面板如图 5-255 所示。

- “阴影颜色”：用于设置阴影的颜色。
- “不透明度”：用于设置阴影的不透明度。
- “方向”：用于设置阴影投影的角度。
- “距离”：用于设置阴影与原素材之间的距离。
- “柔和度”：用于设置阴影的边缘柔和度。
- “仅阴影”：勾选此复选框，在节目监视器中将只显示素材的阴影。

应用“投影”特效前、后效果如图 5-256 和图 5-257 所示。

图 5-255

图 5-256　　　　　　　　　　　　图 5-257

3．放射阴影

该特效为素材添加一个阴影，并可通过原素材的 Alpha 值影响阴影的颜色。应用该特效后，其参数面板如图 5-258 所示。

- "阴影颜色"：用于设置阴影的颜色。
- "不透明度"：用于设置阴影的不透明度。
- "光源"：通过调整光源移动阴影的位置。
- "投影距离"：设置该参数，调整阴影与原素材之间的距离。
- "柔和度"：用于设置阴影的边缘柔和度。
- "渲染"：选择产生阴影的类型。
- "颜色影响"：用设置阴影边缘显示原素材色彩的百分比。如果这一个素材没有透明因素，彩色值将不会受到影响，而且阴影彩色数值决定了阴影的颜色。
- "仅阴影"：勾选此复选框，在节目监视器中将只显示素材的阴影。
- "调整图层大小"：设置阴影可以超出原素材的界线。如果不勾选此复选框，阴影将只能在原素材的界线内显示。

应用"径向阴影"特效前、后的效果如图 5-259 和图 5-260 所示。

图 5-258　　　　　　　　图 5-259　　　　　　　　图 5-260

4．斜角边

该特效能够使图像边缘产生一个凿刻的、高亮的三维效果。边缘的位置由源图像的 Alpha 通道来确定，与斜面 Alpha 效果不同，该效果中产生的边缘总是呈直角的。应用该特效后，其参数面板如图 5-261 所示。

- "边缘厚度"：设置素材边缘凿刻的高度。
- "光照角度"：设置光线照射的角度。
- "光照颜色"：选择光线的颜色。

- "光照强度"：设置光线照射到素材的强度。

应用"斜角边"特效前、后的效果如图 5-262 和图 5-263 所示。

图 5-261

图 5-262

图 5-263

5. 斜面 Alpha

该特效能够产生一个倒角的边，而且使图像的 Alpha 通道边界变亮，通常是将一个二维图像赋予三维效果。如果素材没有 Alpha 通道或它的 Alpha 通道是完全不透明的，那么这个效果就全应用到素材边缘。应用该特效后，其参数面板如图 5-264 所示。

- "边缘厚度"：用于设置素材边缘的厚度。
- "光照角度"：用于设置光线照射的角度。
- "光照颜色"：用于选择光线的颜色。
- "光照强度"：用于设置光线照射素材的强度。

应用"斜面 Alpha"特效前、后的效果如图 5-265 和图 5-266 所示。

图 5-264

图 5-265

图 5-266

5.3.10 课堂案例——彩色浮雕效果

案例学习目标

编辑视频的彩色浮雕效果。

案例知识要点

使用"缩放"选项改变视频的大小；使用"彩色浮雕"命令制作视频的彩色浮雕效果；使用"亮度与对比度"命令调整视频的亮度与对比度。彩色浮雕效果如图 5-267 所示。

资源包/Ch05/彩色浮雕效果. prproj。

图 5-267

彩色浮雕效果

STEP 1 启动 Premiere Pro CC 软件，弹出"欢迎使用 Adobe Premiere Pro"界面，单击"新建项目"按钮 新建项目…，弹出"新建项目"对话框，设置"位置"选项，选择保存文件路径，在"名称"文本框中输入文件名"彩色浮雕效果"，如图 5-268 所示。单击"确定"按钮，然后按<Ctrl>+<N>组合键，弹出"新建序列"对话框，在左侧的列表中展开"DV-PAL"选项，选中"标准 48kHz"模式，如图 5-269 所示，单击"确定"按钮。

图 5-268

图 5-269

STEP 2 选择"文件 > 导入"命令，弹出"导入"对话框，选择资源包中的"Ch05/彩色浮雕效果/素材/ 01"文件，单击"打开"按钮，导入素材，如图 5-270 所示。导入后的文件将排列在"项目"面板中，如图 5-271 所示。

STEP 3 在"项目"窗口中选中"01"文件，将其拖曳到"时间轴"窗口中的"视频 1"轨道中，如图 5-272 所示。选择"窗口 > 效果控件"命令，弹出"效果控件"面板，展开"运动"选项，将"缩放"选项设置为 53.0，其他设置如图 5-273 所示。在"节目"窗口中预览效果，如图 5-274 所示。

图 5-270

图 5-271

图 5-272

图 5-273

图 5-274

STEP 4 选择"窗口 > 效果"命令，弹出"效果"面板，展开"视频效果"分类选项，单击"风格化"文件夹前面的三角形按钮 ▷ 将其展开，选中"彩色浮雕"特效，如图 5-275 所示。将"彩色浮雕"特效拖曳到"时间轴"窗口中的"视频 1"轨道"01"文件上，如图 5-276 所示。

图 5-275

图 5-276

STEP 5 选择"效果控件"面板，展开"彩色浮雕"选项，参数设置如图 5-277 所示。在"节目"窗口中预览效果，如图 5-278 所示。

图 5-277

图 5-278

STEP 6 选择"效果"面板，展开"视频效果"分类选项，单击"颜色校正"文件夹前面的三角形按钮▷将其展开，选中"亮度与对比度"特效，如图 5-279 所示。将"亮度与对比度"特效拖曳到"时间轴"窗口中的"视频 1"轨道"01"文件上。选择"效果控件"面板，展开"亮度与对比度"选项，参数设置如图 5-280 所示。彩色浮雕效果制作完成，如图 5-281 所示。

图 5-279

图 5-280

图 5-281

5.3.11　风格化视频特效

风格化视频特效主要是模拟一些美术风格，实现丰富的画面效果，该特效包含以下 13 种类型。

1. Alpha 发光

该特效对含有通道的素材起作用，在通道的边缘部分产生一圈渐变的辉光效果，可以在单色的边缘处或者在边缘运动时变成两个颜色。应用该特效后，其参数面板如图 5-282 所示。

- "发光"：用于设置光晕从素材的 Alpha 通道扩散边缘的大小。
- "亮度"：用于设置辉光的强度。
- "起始颜色"/"结束颜色"：用于设置辉光内部/外部的颜色。

应用"Alpha 发光"特效前、后的效果如图 5-283 和图 5-284 所示。

图 5-282

图 5-283
图 5-284

2. 复制

该特效可以将图像复制成指定的数量，并同时在每一个单元中播放出来。在"效果控件"面板中拖曳"计数"参数选项的滑块，可以设置每行或每列的分块数目。应用"复制"特效前、后的效果如图 5-285 和图 5-286 所示。

图 5-285
图 5-286

3. 彩色浮雕

该特效通过锐化素材中物体的轮廓，使素材产生彩色的浮雕效果。应用该特效后，其参数面板如图 5-287 所示。

- "方向"：设置浮雕的方向。
- "起伏"：设置浮雕压制的明显高度，实际上是设定浮雕边缘的最大加亮宽度。
- "对比度"：设置图像内容的边缘锐利程度，如果增加参数值，加亮区变得更明显。
- "与原始图像混合"：该参数值越小，上述设置项的效果越明显。

应用"彩色浮雕"特效前、后的效果如图 5-288 和图 5-289 所示。

图 5-287
图 5-288
图 5-289

4. 抽帧

该特效可以将图像按照多色调进行显示，为每一个通道指定色调级别的数值，并将像素映射到最匹配级别。应用"抽帧"特效前、后的效果如图 5-290 和图 5-291 所示。

图 5-290   图 5-291

5. 曝光过度

该特效可以沿着画面的正反方向进行混合，从而产生类似于底片在显影时的快速曝光效果。应用"曝光过度"特效前、后的效果如图 5-292 和图 5-293 所示。

图 5-292   图 5-293

6. 查找边缘

该特效通过强化素材中物体的边缘，使素材产生类似于铅笔素描或底片的效果，而且构图越简单，明暗对比越强烈的素材，描出的线条越清楚。应用该特效后，其参数面板如图 5-294 所示。

● "反转"：取消勾选此复选框时，素材边缘出现如在白色背景上的黑色线；勾选此复选框时，素材边缘出现如在黑色背景上的明亮线。

● "与原始图像混合"：用于设置与原素材混合的程度。数值越小，上述各参数选项设置的效果越明显。

应用"查找边缘"特效前、后的效果如图 5-295 和图 5-296 所示。

图 5-294   图 5-295   图 5-296

7. 浮雕

该特效与"彩色浮雕"特效的效果相似，只是没有色彩，它们的各项参数选项都相同，即通过锐化素材中物体的轮廓，使画面产生浮雕效果。应用"浮雕"特效前、后的效果如图 5-297 和图 5-298 所示。

图 5-297   图 5-298

8. 画笔描边

该特效使素材产生一种美术画笔描绘的效果。应用"画笔描边"特效后，其参数面板如图 5-299 所示。

- "描边角度"：设置笔画的角度。
- "画笔大小"：设置笔刷的大小。
- "描边长度"：设置笔刷的长度。
- "描边浓度"：设置笔触的浓度。
- "描边浓度"：设置笔触描绘的程度。
- "绘画表面"：用于设置应用笔触效果的区域。
- "与原始图像混合"：用于设置与原素材混合的程度。数值越小，上述各参数选项设置的效果越明显。

应用"画笔描边"特效前、后的效果如图 5-300 和图 5-301 所示。

图 5-299   图 5-300   图 5-301

9. 粗糙边缘

该特效可以使素材的 Alpha 通道边缘粗糙化，从而使素材或者栅格化文本产生一种粗糙的自然外观。应用"粗糙边缘"特效前、后的效果如图 5-302 和图 5-303 所示。

图 5-302   图 5-303

10. 纹理化

该特效可以使一个素材上显示另一个素材纹理。应用该特效后，其参数面板如图 5-304 所示。

● "纹理图层"：用于选择与素材混合的视频轨道。

● "光照方向"：用于设置光照的方向，该选项决定纹理图案的亮部方向。

● "纹理对比度"：用于设置纹理的强度。

● "纹理位置"：指定纹理的应用方式。

应用"纹理化"特效前、后的效果如图 5-305 和图 5-306 所示。

图 5-304

图 5-305

图 5-306

11. 闪光灯

该特效能以一定周期或随机对一个素材进行算术运算，例如，每隔 5 s 素材就变成白色并显示 0.1 s，或素材颜色以随机的时间间隔进行反转。此特效常用来模拟照相机的瞬间强烈闪光效果。应用该特效后，其参数面板如图 5-307 所示。

● "闪光色"：设置频闪瞬间屏幕上呈现的颜色。

● "与原始图像混合"：设置与原素材混合的程度。

● "闪光持续时间（秒）"：设置频闪持续的时间。

● "闪光周期（秒）"：以 s 为单位，设置频闪效果出现的间隔时间。它是从相邻两个频闪效果的开始时间算起的，因此，该选项的数值大于"闪光持续时间"选项时，才会出现频闪效果。

● "随机闪光机率"：设置素材中每一帧产生频闪效果的概率。

● "闪光"：设置频闪效果的不同类型。

● "闪光运算符"：设置频闪时所使用的运算方法。

应用"闪光灯"特效前、后的效果如图 5-308 和图 5-309 所示。

图 5-307

图 5-308

图 5-309

12. 阈值

该特效可以将图像变成灰度模式，应用"阈值"特效前、后的效果如图 5-310 和图 5-311 所示。

图 5-310 　　　　　　　　　　　　　　图 5-311

13. 马赛克

该特效用若干方形色块填充素材，使素材产生马赛克效果。此效果通常用于模拟低分辨率显示或者模糊图像。应用该特效后，其参数面板如图 5-312 所示。

- "水平/垂直块"：用于设置水平/垂直方向上的分割色块数量。
- "锐化颜色"：勾选此复选框，可锐化图像素材。

应用"马赛克"特效前、后的效果如图 5-313 和图 5-314 所示。

图 5-312 　　　　　　　　图 5-313 　　　　　　　　图 5-314

5.3.12　时间特效

"时间"特效用于对素材的时间特性进行控制，该特效包含以下两种类型。

1. 抽帧时间

该特效可以将素材设定为某一个帧率进行播放，产生跳帧的效果。如图 5-315 所示为"抽帧时间"特效设置。

该特效只有"帧速率"一项参数可以设置，当修改素材默认的播放速率后，素材就会按照指定的播放速率进行播放，从而产生跳帧播放的效果。

2. 残影

该特效可以将素材中不同时间的多个帧进行同时播放，产生条纹和反射的效果。应用该特效后，其参数面板如图 5-316 所示。

- "残影时间"：设置两个混合图像之间的时间间隔。
- "残影数量"：设置重复帧的数量。

图 5-315

- ● "起始强度"：设置素材的亮度。
- ● "衰减"：设置组合素材强度减弱的比例。
- ● "残影运算符"：确定在回声与素材之间的混合模式。

应用"残影"特效前后的效果如图 5-317 和图 5-318 所示。

图 5-316

图 5-317

图 5-318

5.3.13 过渡视频特效

过渡视频特效主要用于两个素材之间进行连接的切换，该特效共包含 5 种类型。

1. 块溶解

该特效通过随机产生的板块对图像进行溶解，应用该特效后，其参数面板如图 5-319 所示。

- ● "过渡完成"：当前层画面，数值为 100%时完全显示切换层画面。
- ● "块宽度"/"块高度"：用于设置板块的宽度/高度。
- ● "羽化"：用于设置板块边缘的羽化程度。
- ● "柔化边缘"：勾选此复选框，将对板块边缘进行柔化处理。

应用"块溶解"特效前、后的效果如图 5-320 和图 5-321 所示。

图 5-319

图 5-320

图 5-321

2. 径向擦除

应用该特效，可以围绕指定点以旋转的方式进行图像的擦除。应用该特效后，其参数面板如图 5-322 所示。

- ● "过渡完成"：用于设置转换完成的百分比。
- ● "起始角度"：用于设置转换效果的起始角度。
- ● "擦除中心"：用于设置擦除的中心点位置。

- "擦除"：用于设置擦除的类型。
- "羽化"：用于设置擦除边缘的羽化程度。

应用"径向擦除"特效前、后的效果如图 5-323 和图 5-324 所示。

图 5-322   图 5-323   图 5-324

3. 渐变擦除

该特效可以根据两个层的亮度值建立一个渐变层，在指定层和原图层之间进行角度切换。应用该特效后，其参数面板如图 5-325 所示。

- "过渡完成"：用于设置转换完成的百分比。
- "过渡柔和度"：用于设置转换边缘的柔和程度。
- "渐变图层"：用于选择进行参考的渐变层。
- "渐变放置"：用于设置渐变层放置的位置。
- "反转渐变"：勾选此复选框，将对渐变层进行反转。

应用"渐变擦除"特效前、后的效果如图 5-326 和图 5-327 所示。

图 5-325   图 5-326   图 5-327

4. 百叶窗

该特效通过对图像进行百叶窗式的分割，形成图层之间的切换。应用该特效后，其参数面板如图 5-328 所示。

- "过渡完成"：用于设置转换完成的百分比。
- "方向"：用于设置素材分割的角度。
- "宽度"：用于设置分割的宽度。
- "羽化"：用于设置分割边缘的羽化程度。

应用"百叶窗"特效前、后的效果如图 5-329 和图 5-330 所示。

图 5-328

图 5-329

图 5-330

5. 线性擦除

该特效通过线条划过的方式形成擦除效果。应用该特效后，其参数面板如图 5-331 所示。

- "过渡完成"：用于设置转换完成的百分比。
- "擦除角度"：用于设置素材被擦除的角度。
- "羽化"：用于设置擦除边缘的羽化程度。

应用"线性擦除"特效前、后的效果如图 5-332 和图 5-333 所示。

图 5-331

图 5-332

图 5-333

5.3.14 视频特效

视频该特效只包含"时间码"特效，主要用于对时间码进行显示。

时间码特效可以在影片的画面中插入时间码信息，应用"时间码"特效前、后的效果如图 5-334 和图 5-335 所示。

图 5-334

图 5-335

5.4 课堂练习——局部马赛克效果

练习知识要点

使用"裁剪"命令制作视频的裁剪动画；使用"马赛克"命令制作视频的马赛克效果。局部马赛克效果如图 5-336 所示。

效果所在位置

资源包/Ch05/局部马赛克效果. prproj。

图 5-336

局部马赛克效果

5.5 课后习题——夕阳斜照

习题知识要点

使用"ProcAmp"命令调整图像的颜色；使用"镜头光晕"命令编辑模拟强光折射效果。夕阳斜照效果如图 5-337 所示。

效果所在位置

资源包/Ch05/夕阳斜照. prproj。

图 5-337

夕阳斜照

Chapter

6

第 6 章
调色、抠像与叠加

本章主要讲解在 Premiere Pro CC 中素材调色、抠像与叠加的基础设置方法。调色、抠像与叠加属于 Premiere Pro CC 剪辑中较高级的应用，它们可以使影片通过剪辑产生完美的画面合成效果。通过本章案例加强理解相关知识，读者可以完全掌握 Premiere Pro CC 的调色、抠像与叠加技术。

课堂学习目标

● 了解视频调色基础知识

● 掌握视频调色技术

● 熟练掌握抠像及叠加技术

6.1 视频调色基础

在视频编辑过程中，调整画面的色彩至关重要，因此经常需要将拍摄的素材进行颜色的调整，抠像后也需要校色来使当前对象与背景协调。为此，Premiere Pro CC 提供了一整套的图像调整工具。

在进行颜色校正前，必须要保证监视器显示颜色准确，否则调整出来的影片颜色就会不准确。对监视器颜色的校正，除了使用专门的硬件设备外，也可以凭自己的眼睛来校准监视器色彩。

在 Premiere Pro CC 中，"节目"监视器面板提供了多种素材的显示方式，不同的显示方式对分析影片有着重要的作用。

单击"节目"监视器窗口右上方的 ▾≡ 按钮，在弹出的下拉列表中选择窗口不同的显示模式，如图 6–1 所示。

- "合成视频"：在该模式下显示编辑合成后的影片效果。
- "Alpha"：在该模式下显示影片 Alpha 通道。
- "所有示波器"：在该模式下显示所有颜色分析模式，包括波形、矢量、YCbCr 和 RGB。
- "矢量示波器"：在部分的电影制作中，会用到"矢量图"和"YC 波形"两种硬件设备，主要用于检测影片的颜色信号。"矢量图"模式主要用于检测色彩信号。信号的色相饱和度构成一个圆形的图表，饱和度从圆心开始向外扩展，越向外，饱和度越高。

从图表中可以看出，图 6–2 所示下方素材的饱和度较低，绿色的饱和度信号处于中心位置，而右上方的素材饱和度被提高，信号开始向外扩展。

图 6-1

图 6-2

- "YC 波形"：该模式用于检测亮度信号时非常有用。它使用 IRE 标准单位进行检测。水平方向轴表示视频图像，垂直方向轴则检测亮度。在绿色的波形图表中，明亮的区域总是处于图表上方，而暗淡区域总在图表下方，如图 6–3 所示。
- "YCbCr 分量"：该模式主要用于检测 NTSC 颜色区间。图表中左侧的垂直信号表示影片的亮度，右侧水平线为色相区域，水平线上的波形则表示饱和度的高低，如图 6–4 所示。
- "RGB 分量"：该模式主要检测 RGB 颜色区间。图表中水平坐标从左到右分别为红、绿和蓝颜色区间，垂直坐标则显示颜色数值，如图 6–5 所示。

图 6-3　　　　　　　　　　图 6-4　　　　　　　　　　图 6-5

6.2 视频调色技术详解

在 Premiere Pro CC "效果" 面板中，包含了一些专门用于改变图像亮度、对比度和颜色的特效，这些颜色增强工具集中于 "视频特效" 文件夹的 3 个子文件夹中，它们分别为 "调整" "图像控制" 和 "色彩校正"。下面分别进行详细讲解。

6.2.1 课堂案例——水墨画

案例学习目标

使用多个特效编辑视频之间的叠加效果。

案例知识要点

使用 "黑白" 命令将彩色视频转换为灰度视频；使用 "查找边缘" 命令制作视频的边缘；使用 "色阶" 命令调整视频的亮度和对比度；使用 "高斯模糊" 命令制作视频的模糊效果；使用 "字幕" 命令输入与编辑文字；使用 "运动" 选项调整文字的位置。水墨画效果如图 6-6 所示。

效果所在位置

资源包/Ch06/水墨画. prproj。

图 6-6

1. 制作视频水墨效果

STEP⚓1 启动 Premiere Pro CC 软件，弹出 "欢迎使用 Adobe Premiere Pro" 界面，单击 "新建项目" 按钮 📄 新建项目…，弹出 "新建项目" 对话框，设置 "位置" 选项，选择保存文件路径，在 "名称" 文本框中输入文件名 "水墨画"，如图 6-7 所示。单击 "确定" 按钮，然后按<Ctrl>+<N>组合键，弹出 "新建序列" 对话框，在左侧的列表中展开

水墨画 1

"DV-PAL"选项，选中"标准 48kHz"模式，如图 6-8 所示，单击"确定"按钮。

图 6-7   图 6-8

STEP 2 选择"文件 > 导入"命令，弹出"导入"对话框，选择资源包中的"Ch06/水墨画/素材/ 01"文件，单击"打开"按钮，导入视频文件，如图 6-9 所示。导入后的文件排列在"项目"面板中，如图 6-10 所示。

图 6-9   图 6-10

STEP 3 在"项目"面板中选中"01"文件并将其拖曳到"时间轴"窗口中的"视频 1"轨道中，如图 6-11 所示。将时间指示器放置在 5:00 s 的位置，在"视频 1"轨道上选中"01"文件，将鼠标指针放在"01"文件的结束位置，当鼠标指针呈 状时，向前拖曳光标到 5:00 s 的位置上，如图 6-12 所示。

图 6-11   图 6-12

STEP 4 选择"窗口 > 效果"命令，弹出"效果"面板，展开"视频效果"分类选项，单击"图像控制"文件夹前面的三角形按钮 ▷ 将其展开，选中"黑白"特效，如图 6-13 所示。将"黑白"特效拖曳到"时间轴"窗口中的"01"文件上，如图 6-14 所示。在"节目"窗口中预览效果，如图 6-15 所示。

图 6-13   图 6-14   图 6-15

STEP 5 选择"效果"面板，展开"视频效果"分类选项，单击"风格化"文件夹前面的三角形按钮 ▷ 将其展开，选中"查找边缘"特效，如图 6-16 所示。将"查找边缘"特效拖曳到"时间轴"窗口中的"01"文件上，如图 6-17 所示。

图 6-16   图 6-17

STEP 6 在"效果控件"面板中展开"查找边缘"特效，将"与原始图像混合"选项设置为 12%，如图 6-18 所示。在"节目"窗口中预览效果，如图 6-19 所示。

图 6-18   图 6-19

STEP 7 选择"效果"面板，展开"视频效果"分类选项，单击"调整"文件夹前面的三角形按钮▷将其展开，选中"色阶"特效，如图 6-20 所示。将"色阶"特效拖曳到"时间轴"窗口中的"01"文件上，如图 6-21 所示。

图 6-20 图 6-21

STEP 8 在"效果控件"面板中展开"色阶"特效并进行参数设置，如图 6-22 所示。在"节目"窗口中预览效果，如图 6-23 所示。

图 6-22 图 6-23

STEP 9 选择"效果"面板，展开"视频效果"分类选项，单击"模糊与锐化"文件夹前面的三角形按钮▷将其展开，选中"高斯模糊"特效，如图 6-24 所示。将"高斯模糊"特效拖曳到"时间轴"窗口中的"01"文件上，如图 6-25 所示。

图 6-24 图 6-25

STEP 10 在"效果控件"面板中展开"高斯模糊"特效,将"模糊度"选项设置为 3.2,如图 6-26 所示。在"节目"窗口中预览效果,如图 6-27 所示。

图 6-26

图 6-27

2. 添加文字

STEP 1 选择"文件 > 新建 > 字幕"命令,弹出"新建字幕"对话框,在"名称"文本框中输入"题词",如图 6-28 所示。单击"确定"按钮,弹出字幕编辑面板,选择"垂直文字"工具 **IT**,在字幕工作区中输入需要的文字,其他设置如图 6-29 所示。关闭字幕编辑面板,新建的字幕文件自动保存到"项目"窗口中。

水墨画 2

图 6-28

图 6-29

STEP 2 在"项目"窗口中选中"题词"层并将其拖曳到"时间轴"窗口中的"视频 2"轨道中,如图 6-30 所示。在"效果"面板中展开"视频过渡"特效分类选项,单击"擦除"文件夹前面的三角形按钮 ▶ 将其展开,选中"划出"特效,如图 6-31 所示。

STEP 3 将"划出"特效拖曳到"时间轴"窗口中的"题词"文件的开始位置,如图 6-32 所示。选择"时间轴"窗口中的"划出"切换效果,选择"效果控件"面板,设置"持续时间"选项为 4:00,如图 3-33 所示。水墨画效果制作完成,如图 6-34 所示。

图 6-30　　　　　　　　　　　　图 6-31　　　　　　　　　　　　图 6-32

图 6-33　　　　　　　　　　　　　　　　图 6-34

6.2.2　调整特效

如果需要调整素材的亮度、对比度、色彩及通道，修复素材的偏色或者曝光不足等缺陷，提高素材画面的颜色及亮度，制作特殊的色彩效果，最好的选择就是使用"调整"特效。该类特效是使用频繁的一类特效，共包含以下 7 种视频特效。

1.　ProcAmp

该特效可以用于调整素材的亮度、对比度、色相和饱和度，是一个较常用的视频特效。应用"ProcAmp"特效前、后的效果如图 6-35 和图 6-36 所示。

图 6-35　　　　　　　　　　　　　　图 6-36

2.　光照效果

该特效可以最多为素材添加 5 个灯光照明，以模拟舞台追光灯的效果。用户在该效果对应的"效果控件"面板中可以设置灯光的类型、方向、强度、颜色和中心点的位置等。应用"光照效果"特效前、后的效果如图 6-37 和图 6-38 所示。

图 6-37 图 6-38

3. 卷积内核

该特效根据运算改变素材中每个像素的颜色和亮度值，以改变图像的质感。应用该特效后，其参数面板如图 6-39 所示。

- "M11~M33"：表示像素亮度增效的矩阵，其参数值可在 -30 ~ 30 调整。
- "偏移"：用于调整素材的色彩明暗的偏移量。
- "缩放"：输入一个数值，在积分操作中包含的像素总和将除以该数值。

应用"卷积内核"特效前、后的效果如图 6-40 和图 6-41 所示。

图 6-39 图 6-40 图 6-41

4. 提取

该特效可以从视频片段中吸取颜色，然后通过设置灰度的范围控制影像的显示。应用该特效后，其参数面板如图 6-42 所示。

- "输入黑色阶"：表示画面中黑色的提取情况。
- "输入白色阶"：表示画面中白色的提取情况。
- "柔和度"：用于调整画面的灰度，数值越大，灰度越高。
- "反转"：勾选此复选框，将对黑色像素范围和白色像素范围进行反转。

应用"提取"特效前、后的效果如图 6-43 和图 6-44 所示。

图 6-42

图 6-43 图 6-44

5. 自动颜色、自动对比度和自动色阶

使用"自动颜色""自动对比度"和"自动色阶"3个特效可以快速、全面地修整素材，可以调整素材的中间色调、暗调和高亮区的颜色。"自动颜色"特效主要用于调整素材的颜色；"自动对比度"特效主要用于调整所有颜色的亮度和对比度；"自动色阶"特效主要用于调整暗部和高亮区。

图 6-45 和图 6-46 分别为应用"自动颜色"特效前、后的效果。应用该特效后，其参数面板如图 6-47 所示。

图 6-45 图 6-46 图 6-47

图 6-48 和图 6-49 分别为应用"自动对比度"特效前、后的效果。应用该特效后，其参数面板如图 6-50 所示。

图 6-48 图 6-49 图 6-50

图 6-51 和图 6-52 分别为应用"自动色阶"特效前、后的效果。应用该特效后,其参数面板如图 6-53 所示。

图 6-51

图 6-52

图 6-53

以上 3 种特效均提供了 5 个相同的参数选项,具体含义如下。

- "瞬时平滑(秒)":此选项用来设置平滑处理帧的时间间隔。当该选项的值为 0 时,Premiere Pro CC 将独立地平滑处理每一帧;当该选项的值高于 1 时,Premiere Pro CC 会在帧显示前以 1s 的时间间隔平滑处理帧。
- "场景检测":在设置了"瞬时平滑"选项值后,该复选框才被激活。勾选此复选框,Premiere Pro CC 将忽略场景变化。
- "减少黑色像素"/"减少白色像素":用于增加或减小图像的黑色/白色。
- "与原始图像混合":用于改变素材应用特效的程度。当该选项的值为 0 时,在素材上可以看到 100%的特效;当该选项的值为 100 时,在素材上可以看到 0%的特效。

"自动颜色"特效还提供了"对齐中性中间调"选项。勾选此复选框,可以调整颜色的灰阶数值。

6. 色阶

该特效的作用是调整影片的亮度和对比度。应用该特效后,其参数面板如图 6-54 所示。单击右上角的"设置"按钮,弹出"色阶设置"对话框,左边显示了当前画面的柱状图,水平方向代表亮度值,垂直方向代表对应亮度值的像素总数。在该对话框上方的下拉列表中,可以选择需要调整的颜色通道,如图 6-55 所示。

- "通道":在该下拉列表中可以选择需要调整的通道。
- "输入色阶":用于进行颜色的调整。拖曳下方的三角形滑块,可以改变颜色的对比度。
- "输出色阶":用于调整输出的级别。在该文本框中输入有效数值,可以对素材输出亮度进行修改。
- "加载":单击该按钮,可以载入以前所存储的效果。
- "保存":单击该按钮,可以保存当前的设置。

应用"色阶"特效前、后的效果如图 6-56 和图 6-57 所示。

图 6-54

图 6-55

图 6-56　　　　　　　　　　　图 6-57

7. 阴影/高光

　　该特效用于调整素材的阴影和高光区域，应用"阴影/高光"特效前、后的效果如图 6-58 和图 6-59 所示。该特效不应用于整个图像的调暗或增加图像的点亮，但可以单独调整图像高光区域，并基于图像周围的像素。

图 6-58

图 6-59

6.2.3　课堂案例——怀旧老电影效果

＋ 案例学习目标

　　编辑旧电影特效。

＋ 案例知识要点

　　使用"ProcAmp"命令调整视频的亮度、饱和度和增加对比度；使用"颜色平衡"命令降低视频中的部分颜色；使用"DE_AgedFilm"命令制作老电影效果。怀旧老电影效果如图 6-60 所示。

＋ 效果所在位置

　　资源包/Ch06/怀旧老电影效果. prproj。

图 6-60

怀旧老电影效果

1. 新建项目并编辑视频

STEP 1 启动 Premiere Pro CC 软件，弹出"欢迎使用 Adobe Premiere Pro"界面，单击"新建项目"按钮 Pr 新建项目...，弹出"新建项目"对话框，设置"位置"选项，选择保存文件路径，在"名称"文本框中输入文件名"怀旧老电影效果"，如图 6-61 所示。单击"确定"按钮，然后按<Ctrl>+<N>组合键，弹出"新建序列"对话框，在左侧的列表中展开"DV-PAL"选项，选中"标准 48kHz"模式，如图6-62 所示，单击"确定"按钮。

图 6-61

图 6-62

STEP 2 选择"文件 > 导入"命令，弹出"导入"对话框，选择资源包中的"Ch06/怀旧老电影效果/素材/01"文件，单击"打开"按钮，导入视频文件，如图 6-63 所示。导入后的文件排列在"项目"面板中，如图 6-64 所示。

图 6-63

图 6-64

STEP 3 在"项目"面板中选中"01"文件，并将其拖曳到"时间轴"窗口中的"视频 1"轨道中，如图 6-65 所示。将时间指示器放置在 5:08 s 的位置，在"时间轴"窗口中的"视频 1"轨道上选中"01"文件，将鼠标指针放在"01"文件的尾部，当鼠标指针呈 ◄ 状时，向前拖曳鼠标到 5:08 s 的位置上，如图 6-66 所示。

图 6-65

图 6-66

STEP ↘4 将时间指示器放置在 1:00 s 的位置，选择"效果控件"面板，展开"运动"选项，将"位置"选项设置为 542.0 和 288.0，单击"位置"和"缩放"选项前面的记录动画按钮 🕗，如图 6-67 所示，记录第 1 个动画关键帧。将时间指示器放置在 4:00 s 的位置，将"位置"选项设置为 360.0 和 288.0，"缩放"选项设为 53.0，如图 6-68 所示，记录第 2 个动画关键帧。

图 6-67

图 6-68

2. 制作怀旧老电影效果

STEP ↘1 选择"窗口 > 效果"命令，弹出"效果"面板，展开"视频效果"分类选项，单击"调整"文件夹前面的三角形按钮 ▷ 将其展开，选中"ProcAmp"特效，如图 6-69 所示。将"ProcAmp"特效拖曳到"时间轴"窗口中的"01"文件上，如图 6-70 所示。

图 6-69

图 6-70

STEP ↘2 在"效果控件"面板中展开"ProcAmp"特效，将"对比度"选项设置为 115.0，"饱和度"选项设置为 50.0，如图 6-71 所示。在"节目"窗口中预览效果，如图 6-72 所示。

图 6-71　　　　　　　　　　　　　　　　　　　　图 6-72

STEP 3 选择"效果"面板，展开"视频效果"分类选项，单击"颜色校正"文件夹前面的三角形按钮 ▷ 将其展开，选中"颜色平衡"特效，如图 6-73 所示。将"颜色平衡"特效拖曳到"时间轴"窗口中的"01"文件上，如图 6-74 所示。

图 6-73　　　　　　　　　　　　　　　　　　　　图 6-74

STEP 4 选择"效果控件"面板，展开"颜色平衡"特效并进行参数设置，如图 6-75 所示。在"节目"窗口中预览效果，如图 6-76 所示。

图 6-75　　　　　　　　　　　　　　　　　　　　图 6-76

STEP 5 选择"效果"面板，展开"视频效果"分类选项，单击"Digieffects Damage v2.5"文件夹前面的三角形按钮▷将其展开，选中"DE_AgedFilm"特效，如图 6-77 所示。将"DE_AgedFilm"特效拖曳到"时间轴"窗口中的"01"文件上，如图 6-78 所示。

图 6-77

图 6-78

STEP 6 在"效果控件"面板中展开"DE_AgedFilm"特效并进行参数设置，如图 6-79 所示。在"节目"窗口中预览效果，如图 6-80 所示。怀旧老电影效果制作完成，如图 6-81 所示。

图 6-79

图 6-80

图 6-81

6.2.4　图像控制特效

图像控制特效的主要用途是对素材进行色彩的特效处理，广泛运用于视频编辑中，处理一些前期拍摄中遗留下的缺陷，或使素材达到某种预想的效果。图像控制特效是一组重要的视频特效，包含了以下 5 种效果。

1. 灰度系数校正

该特效可以通过改变素材中间色调的亮度，实现在不改变素材亮度和阴影的情况下，使素材变得更明亮或更灰暗。应用"灰度系数校正"特效前、后的效果如图 6-82 和图 6-83 所示。

图 6-82

图 6-83

2. 颜色平衡

利用"颜色平衡（RGB）"特效，可以通过对素材的红色、绿色和蓝色的调整来达到改变图像色彩效果的目的。应用该特效后，其参数面板如图 6-84 所示。

应用"颜色平衡（RGB）"特效前、后的效果如图 6-85 和图 6-86 所示。

图 6-84   图 6-85   图 6-86

3. 颜色替换

该特效可以指定某种颜色，然后使用一种新的颜色替换指定的颜色。设置该特效对应的"效果控件"参数面板如图 6-87 所示，单击"设置"按钮，弹出"颜色替换设置"对话框，如图 6-88 所示。

图 6-87   图 6-88

- "目标颜色"：用于设置被替换的颜色。选取的方法与"颜色传递设置"对话框中选取的方法相同。
- "替换颜色"：用于设置替换当前颜色的颜色。单击颜色块，在弹出的"色彩"对话框中进行设置。
- "相似性"：用于设置相似色彩的容差值，即增加或减少所选颜色的范围。
- "纯色"：勾选此复选框，该特效将用纯色替换目标色，没有任何过渡。

应用"颜色替换"特效前、后的效果如图 6-89 和图 6-90 所示。

图 6-89   图 6-90

4. 颜色过滤

该特效可以将素材中指定颜色以外的其他颜色转化成灰度（黑、白），即保留指定的颜色。该特效对应的"效果控件"参数面板如图 6-91 所示。单击"设置"按钮，弹出"颜色过滤设置"对话框，如图 6-92 所示。

图 6-91   图 6-92

- "剪辑采样"：显示素材画面，将鼠标指针移动到此画面中并单击，可以直接在画面中选取颜色。
- "输出采样"：显示添加了特效后的素材画面。
- "颜色"：要保留的颜色。单击该色块，将弹出"色彩"对话框，从中可以设置要保留的颜色。
- "相似性"：用于设置相似色彩的容差值，即增加或减少所选颜色的范围。
- "反向"：勾选该复选框，将颜色进行反转，即所选的颜色转变成灰度，而其他颜色保持不变。

应用"颜色过渡"特效前、后的效果如图 6-93 和图 6-94 所示。

图 6-93   图 6-94

5. 黑白

该特效用于将彩色影像直接转换成黑白灰度影像。应用"黑白"特效前、后的效果如图 6-95 和图 6-96 所示。该特效没有参数选项。

图 6-95   图 6-96

6.3　抠像及叠加技术

在 Premiere Pro CC 中，用户不仅能够组合和编辑素材，还能够使素材与其他素材相互叠加，从而生成合成效果。一些效果绚丽的复合影视作品就是通过使用多个视频轨道的叠加、透明，以及应用各种类型的键控来实现的。虽然 Premiere Pro CC 不是专用的合成软件，但却有着强大的合成功能，既可以合成视频素材，也可以合成静止的图像，或者在两者之间相加合成。合成是影视制作过程中一个很常用的重要技术，在 DV 制作过程中也比较常用。

6.3.1　课堂案例——淡彩铅笔画

案例学习目标

视频之间的叠加模式。

案例知识要点

使用"缩放"选项改变视频大小；使用"不透明度"选项改变视频的不透明度；使用"查找边缘"命令编辑视频的边缘效果；使用"色阶"命令调整视频的亮度与对比度；使用"黑白"命令将彩色视频转换为灰度视频；使用"笔触"命令制作视频的粗糙外观。淡彩铅笔画效果如图 6-97 所示。

效果所在位置

资源包/Ch06/淡彩铅笔画. prproj。

图 6-97

淡彩铅笔画

1. 编辑视频大小

STEP　1　启动 Premiere Pro CC 软件，弹出"欢迎使用 Adobe Premiere Pro"界面，单击"新建项目"按钮 　新建项目…，弹出"新建项目"对话框，设置"位置"选项，选择保存文件路径，在"名称"文本框中输入文件名"淡彩铅笔画"，如图 6-98 所示。单击"确定"按钮，然后按<Ctrl>+<N>组合键，弹出"新建序列"对话框，在左侧的列表中展开"DV-PAL"选项，选中"标准 48kHz"模式，如图 6-99 所示，单击"确定"按钮。

STEP　2　选择"文件 > 导入"命令，弹出"导入"对话框，选择资源包中的"Ch06/淡彩铅笔画/素材/ 01"文件，单击"打开"按钮，导入视频文件，如图 6-100 所示。导入后的文件排列在"项目"面板中，如图 6-101 所示。

图 6-98

图 6-99

图 6-100

图 6-101

STEP 3 在"项目"窗口中选中"01"文件，将"01"文件拖曳到"时间轴"窗口中的"视频 1"
轨道中，如图 6-102 所示。选中"01"文件，选择"剪辑 > 取消链接"命令，取消视音频文件的链接。
选取下方的音频文件，按<Delete>键删除音频，如图 6-103 所示。

图 6-102

图 6-103

STEP 4 在"时间轴"窗口中选中"01"文件。选择"窗口 > 效果控件"命令，弹出"效果控
件"面板，展开"运动"选项，将"缩放"选项设置为 53.5，如图 6-104 所示。在"节目"窗口中预览效
果，如图 6-105 所示。

图 6-104

图 6-105

STEP 5 在"时间轴"窗口中选中"01"文件，按<Ctrl>+<C>组合键复制层并锁定该轨道，选中"视频 2"轨道，按<Ctrl>+<V>组合键粘贴层，如图 6-106 所示。选中"视频 2"轨道上的"01"文件，选择"效果控件"面板，展开"不透明度"选项，单击"不透明度"选项前面的记录动画按钮 ，取消关键帧，将"不透明度"选项设置为 70.0%，如图 6-107 所示。

图 6-106

图 6-107

2. 制作视频特效

STEP 1 选择"窗口 > 效果"命令，弹出"效果"面板，展开"视频效果"分类选项，单击"风格化"文件夹前面的三角形按钮 将其展开，选中"查找边缘"特效，如图 6-108 所示。将"查找边缘"特效拖曳到"时间轴"窗口中的"视频 2"轨道"01"文件，如图 6-109 所示。

图 6-108

图 6-109

STEP 2 选择"效果控件"面板，展开"查找边缘"特效，将"与原始图像混合"选项设置为50%，如图6-110所示。在"节目"窗口中预览效果，如图6-111所示。

图6-110   图6-111

STEP 3 选择"效果"面板，展开"视频效果"分类选项，单击"调整"文件夹前面的三角形按钮▷将其展开，选中"色阶"特效，如图6-112所示。将"色阶"特效拖曳到"时间轴"窗口中的"视频2"轨道"01"文件上，如图6-113所示。

图6-112   图6-113

STEP 4 选择"效果控件"面板，展开"色阶"特效，选项的设置如图6-114所示。在"节目"窗口中预览效果，如图6-115所示。

图6-114   图6-115

STEP 5 选择"效果"面板，展开"视频效果"分类选项，单击"图像控制"文件夹前面的三角形按钮▷将其展开，选中"黑白"特效，如图 6-116 所示，将其拖曳到"时间轴"窗口中的"视频 2"轨道"01"文件上，如图 6-117 所示。

图 6-116　　　　　　　　　　　图 6-117

STEP 6 选择"效果"面板，展开"视频效果"分类选项，单击"风格化"文件夹前面的三角形按钮▷将其展开，选中"画笔描边"特效，如图 6-118 所示，将其拖曳到"时间轴"窗口中的"视频 2"轨道"01"文件上，如图 6-119 所示。

图 6-118　　　　　　　　　　　图 6-119

STEP 7 选择"效果控件"面板，展开"画笔描边"特效，选项设置如图 6-120 所示。淡彩铅笔画制作完成，如图 6-121 所示。

图 6-120　　　　　　　　　　　图 6-121

6.3.2　影视合成简介

合成一般用于制作效果比较复杂的影视作品，主要通过使用多个视频素材的叠加、透明以及应用各种类型的键控来实现。在电视制作上，键控也常被称为"抠像"，而在电影制作中则被称为"遮罩"。Premiere Pro CC 建立叠加的效果，是在多个视频轨道中的素材实现切换之后，才将叠加轨道上的素材相互叠加的，较高层轨道的素材会叠加在较低层轨道的素材上并在监视器窗口优先显示出来，也就意味着在其他素材的上面播放。

1. 透明

使用透明叠加的原理是因为每个素材都有一定的不透明度。在不透明度为 0% 时，图像完全透明；在不透明度为 100% 时，图像完全不透明；不透明度介于两者之间时，图像呈半透明。在 Premiere Pro CC 中，将一个素材叠加在另一个素材上之后，位于轨道上面的素材能够显示其下方素材的部分图像，所利用的就是素材的不透明度。因此，通过素材不透明度的设置，可以制作透明叠加的效果，如图 6-122 所示。

用户可以使用 Alpha 通道、蒙版或键控来定义素材透明度区域和不透明区域，通过设置素材的不透明度并结合使用不同的混合模式就可以创建出绚丽多彩的影视视觉效果。

图 6-122

2. Alpha 通道

素材的颜色信息都被保存在 3 个通道中，这 3 个通道分别是红色通道、绿色通道和蓝色通道。另外，在素材中还包含看不见的第 4 个通道，即 Alpha 通道，它用于存储素材的透明度信息。

当在"After Effects Composition"面板或者 Premiere Pro CC 的监视器窗口中查看 Alpha 通道时，白色区域是完全不透明的，而黑色区域则是完全透明的，两者之间的区域则是半透明的。

3. 蒙版

"蒙版"是一个层，用于定义层的透明区域，白色区域定义的是完全不透明的区域，黑色区域定义完全透明的区域，两者之间的区域则是半透明的，这点类似于 Alpha 通道。通常，Alpha 通道就被用作蒙版，但是使用蒙版定义素材的透明区域时要比使用 Alpha 通道更好，因为在很多的原始素材中不包含 Alpha 通道。

在 TGA、TIFF、EPS 和 Quick Time 等素材格式中都包含 Alpha 通道。在使用 Adobe Illustrator EPS 和 PDF 格式的素材时，After Effects 会自动将空白区域转换为 Alpha 通道。

4. 键控

前面已经介绍，在进行素材合成时，可以使用 Alpha 通道将不同的素材对象合成到一个场景中。但是在实际的工作中，能够使用 Alpha 通道进行合成的原始素材非常少，因为摄像机是无法产生 Alpha 通道的，这时候使用键控（即抠像）技术就非常重要了。

键控（即抠像）使用特定的颜色值（颜色键控或者色度键控）和亮度值（亮度键控）来定义视频素材

中的透明区域。当断开颜色值时，颜色值或者亮度值相同的所有像素将变为透明。

使用键控可以很容易地为一幅颜色或者亮度一致的视频素材替换背景，这一技术一般称为"蓝屏技术"或"绿屏技术"，也就是背景色完全是蓝色或者绿色，当然也可以是其他颜色的背景，如图 6-123、图 6-124 和图 6-125 所示。

图 6-123   图 6-124   图 6-125

6.3.3 合成视频

在非线性编辑中，每一个视频素材就是一个图层，将这些图层放置于"时间轴"面板中的不同视频轨道上以不同的透明度相叠加，即可实现视频的合成效果。

1. 关于合成视频的几点说明

在进行合成视频操作之前，对叠加的使用应注意以下几点。

- 叠加效果的产生必须是两个或者两个以上的素材，有时候为了实现效果可以创建一个字幕或者颜色蒙版文件。
- 只能对重叠轨道上的素材应用透明叠加设置，在默认设置下，每一个新建项目都包含两个可重叠轨道——"视频 2"和"视频 3"轨道，当然也可以另外增加多个重叠轨道。
- 在 Premiere Pro CC 中制作叠加效果，首先合成视频主轨道上的素材（包括过渡转场效果），然后将被叠加的素材叠加到背景素材中去。在叠加过程中，首先叠加较低层轨道的素材，然后再以叠加后的素材为背景来叠加较高层轨道的素材，这样在叠加完成后，最高层的素材位于画面的顶层。
- 透明素材必须放置在其他素材之上，将想要叠加的素材放置于叠加轨道上——"视频 2"或者更高的视频轨道上。
- 背景素材可以放置在视频主轨道"视频 1"或"视频 2"轨道上，即较低层的叠加轨道上的素材可以作为较高层叠加轨道上素材的背景。
- 必须对位于最高层轨道上的素材进行透明设置和调整，否则其下方的所有素材均不能显示出来。
- 叠加有两种方式，一种是混合叠加方式，另一种是淡化叠加方式。

混合叠加方式是将素材的一部分叠加到另一个素材上，因此作为前景的素材最好具有单一的底色并且与需要保留的部分对比鲜明，这样很容易将底色变为透明，再叠加到作为背景的素材上，背景在前景素材透明处可见，从而使前景色保留的部分看上去像原来属于背景素材中的一部分一样。

淡化叠加方式通过调整整个前景的透明度，让前景整个暗淡，而背景素材逐渐显现出来，达到一种梦幻或朦胧的效果。

如图 6-126 和图 6-127 所示为两种透明叠加方式的效果。

混合叠加方式　　　　　　　　　　　　　　　　淡化叠加方式

图6-126　　　　　　　　　　　　　　　　　　图6-127

2. 制作透明叠加合成效果

STEP 1 将文件导入"项目"面板中，如图6-128所示。

STEP 2 分别将素材"01.jpg"和"02.jpg"拖曳到"时间轴"面板中的"视频1"和"视频2"轨道上，如图6-129所示。

图6-128　　　　　　　　　　　　　　　　　图6-129

STEP 3 将鼠标指针移动到"视频2"轨道的"02.jpg"素材的白色线上，按住<Ctrl>键，当鼠标指针呈＋状时单击，创建一个关键帧，如图6-130所示。

STEP 4 根据步骤（3）的操作方法在"视频2"轨道素材上创建第2个关键帧，并且用鼠标向下拖动第2个关键帧（即降低不透明度值），如图6-131所示。

图6-130　　　　　　　　　　　　　　　　　图6-131

STEP 5 按照上述步骤的操作方法在"视频 2"轨道的素材上再创建 4 个关键帧，然后调整第 3 个、第 5 个关键帧的位置，如图 6-132 所示。

STEP 6 将时间标记 移动到轨道开始的位置，然后在"节目"监视器窗口单击"播放–停止切换"按钮 ▶ / ■ 预览完成效果，如图 6-133、图 6-134 和图 6-135 所示。

图 6-132

图 6-133

图 6-134

图 6-135

6.3.4　课堂案例——抠像效果

＋ 案例学习目标

抠出视频文件中的飞鸟。

＋ 案例知识要点

使用"色阶"命令调整视频亮度；使用"蓝屏键"命令抠出视频；使用"亮度与对比度"命令调整视频的亮度和对比度。抠像效果如图 6-136 所示。

＋ 效果所在位置

资源包/Ch06/抠像效果. prproj。

图 6-136

抠像效果

1.　导入视频文件

STEP 1 启动 Premiere Pro CC 软件，弹出"欢迎使用 Adobe Premiere Pro"界面，单击"新建

项目"按钮 🎬 新建项目...，弹出"新建项目"对话框，设置"位置"选项，选择保存文件路径，在"名称"文本框中输入文件名"抠像效果"，如图 6-137 所示。单击"确定"按钮，然后按<Ctrl>+<N>组合键，弹出"新建序列"对话框，在左侧的列表中展开"DV-PAL"选项，选中"标准 48kHz"模式，如图 6-138 所示，单击"确定"按钮。

图 6-137   图 6-138

STEP 2 选择"文件 > 导入"命令，弹出"导入"对话框，选择资源包中的"Ch06/抠像效果/素材/ 01 和 02"文件，单击"打开"按钮，导入视频文件，如图 6-139 所示。导入后的文件排列在"项目"面板中，如图 6-140 所示。

图 6-139   图 6-140

STEP 3 在"项目"面板中选中"01"文件并将其拖曳到"时间轴"窗口中的"视频 1"轨道中，如图 6-141 所示。将时间指示器放置在 4:23 s 的位置，在"视频 1"轨道上选中"01"文件，将鼠标指针放在"01"文件的尾部，当鼠标指针呈 ◀ 状时，向前拖曳鼠标到 4:23 s 的位置上，如图 6-142 所示。

图 6-141

图 6-142

STEP 4 在"项目"面板中选中"02"文件并将其拖曳到"时间轴"窗口中的"视频 2"轨道中，如图 6-143 所示。单击"时间轴"窗口中的"02"文件前面的"切换轨道输出"按钮 ◉，关闭可视性，如图 6-144 所示。

图 6-143

图 6-144

2. 抠出视频图像

STEP 1 将时间指示器放置在 0 s 的位置，选中"01"文件。选择"效果控件"面板，展开"运动"选项，将"缩放"选项设置为 53.0，如图 6-145 所示。在"节目"窗口中预览效果，如图 6-146 所示。

图 6-145

图 6-146

STEP 2 选择"窗口 > 效果"命令，弹出"效果"面板，展开"视频效果"分类选项，单击"颜色校正"文件夹前面的三角形按钮 ▷ 将其展开，选中"RGB 曲线"特效，如图 6-147 所示。将"RGB 曲线"特效拖曳到"时间轴"窗口中的"01"文件上，如图 6-148 所示。

STEP 3 选择"效果控件"面板，展开"RGB 曲线"特效，设置如图 6-149 所示。在"节目"窗口中预览效果，如图 6-150 所示。

图 6-147

图 6-148

图 6-149

图 6-150

STEP 4 单击"02"文件前面的"切换轨道输出"按钮 ◉，打开可视性，如图 6-151 所示。选择"效果控件"面板，展开"运动"选项，将"位置"选项设置为 532.0、159.0，"缩放"选项设置为 53.0，如图 6-152 所示。在"节目"窗口中预览效果，如图 6-153 所示。

图 6-151

图 6-152

图 6-153

STEP 5 选择"效果"面板，展开"视频效果"分类选项，单击"键控"文件夹前面的三角形按钮 ▷ 将其展开，选中"蓝屏键"特效，如图 6-154 所示。将"蓝屏键"特效拖曳到"时间轴"窗口中的"02"文件上，如图 6-155 所示。

图 6-154　　　　　　　　　　　　图 6-155

STEP 6 选择"效果控件"面板，展开"蓝屏键"特效，将"阈值"选项设置为 30.0%，"屏蔽度"选项设置为 30.0%，如图 6-156 所示。在"节目"窗口中预览效果，如图 6-157 所示。

图 6-156　　　　　　　　　　　　图 6-157

STEP 7 选择"效果"面板，展开"视频效果"分类选项，单击"颜色校正"文件夹前面的三角形按钮▷将其展开，选中"亮度与对比度"特效，如图 6-158 所示。将"亮度与对比度"特效拖曳到"时间轴"窗口中的"02"文件上，如图 6-159 所示。选择"效果控件"面板，展开"亮度与对比度"特效，将"亮度"选项设置为 20.0，"对比度"选项设置为 35.0，如图 6-160 所示。

图 6-158　　　　　　　　　图 6-159　　　　　　　　　图 6-160

STEP 8 选择"效果"面板，展开"视频效果"分类选项，单击"变换"文件夹前面的三角形按钮 ▷ 将其展开，选中"裁剪"特效，如图 6-161 所示。将"裁剪"特效拖曳到"时间轴"窗口中的"02"文件上。选择"效果控件"面板，展开"裁剪"特效，将"左对齐"选项设置为 1.0，如图 6-162 所示。抠像效果制作完成，如图 6-163 所示。

图 6-161　　　　　　　图 6-162　　　　　　　图 6-163

6.3.5　15 种抠像方式的运用

Premiere Pro CC 中自带了 15 种键控特效。下面讲解各种抠像特效的使用方法。

1．16 点无用信号遮罩

该特效通过 16 个控制点的位置来调整被叠加图像的大小。应用"16 点无用信号遮罩"特效的效果如图 6-164、图 6-165 和图 6-166 所示。

图 6-164　　　　　　　图 6-165　　　　　　　图 6-166

2．4 点无用信号遮罩

该特效通过 4 个控制点的位置来调整被叠加图像的大小。应用"4 点无用信号遮罩"特效的效果如图 6-167、图 6-168 和图 6-169 所示。

图 6-167　　　　　　　图 6-168　　　　　　　图 6-169

3. 8 点无用信号遮罩

该特效通过 8 个控制点的位置来调整被叠加图像的大小。应用"8 点无用信号遮罩"特效的效果如图 6–170、图 6–171 和图 6–172 所示。

图 6–170　　　　　　　　　　图 6–171　　　　　　　　　　图 6–172

4. Alpha 调整

该特效主要通过调整当前素材的 Alpha 通道信息（即改变 Alpha 通道的透明度），使当前素材与其下面的素材产生不同的叠加效果。如果当前素材不包含 Alpha 通道，改变的将是整个素材的透明度。应用该特效后，其参数面板如图 6–173 所示。

● "不透明度"：用于调整画面的不透明度。

● "忽略 Alpha"：勾选此复选框，可以忽略 Alpha 通道。

● "反转 Alpha"：勾选此复选框，可以对通道进行反向处理。

● "仅蒙版"：勾选此复选框，可以将通道作为蒙版使用。

应用"Alpha 调整"特效的效果如图 6–174、图 6–175 和图 6–176 所示。

图 6–173　　　　　　　　　　　　　　　　图 6–174

图 6–175　　　　　　　　　　　　　　　　图 6–176

5. RGB 差值键

该特效与"亮度键"特效基本相同，可以将某个颜色或者颜色范围内的区域变为透明。应用"RGB 差值键"特效的效果如图 6-177、图 6-178 和图 6-179 所示。

图 6-177 图 6-178 图 6-179

6. 亮度键

运用该特效，可以将被叠加图像的灰色值设置为透明，而且保持色度不变，该特效对明暗对比十分强烈的图像十分有用。应用"亮度键"特效的效果如图 6-180、图 6-181 和图 6-182 所示。

图 6-180 图 6-181 图 6-182

7. 图像遮罩键

运用该特效可以将相邻轨道上的素材作为被叠加的底纹背景素材。相对于底纹而言，前面画面中的白色区域是不透明的，背景画面的相关部分不能显示出来，黑色区域是透明区域，灰色区域为部分透明。如果想保持前面的色彩，最好选用灰度图像作为底纹图像。应用"图像遮罩键"特效的效果如图 6-183 和图 6-184 所示。

图 6-183 图 6-184

8. 差值遮罩

该特效可以叠加两个图像相互不同部分的纹理，保留对方的纹理颜色。应用"差值遮罩"特效的效果如图 6-185、图 6-186 和图 6-187 所示。

图 6-185

图 6-186

图 6-187

9. 极致键

该特效通过指定某种颜色，可以在选项中调整容差值等参数，来显示素材的透明效果。应用"极致键"特效的效果如图 6-188、图 6-189 和图 6-190 所示。

图 6-188

图 6-189

图 6-190

10. 移除遮罩

该特效可以将原有的遮罩移除，如将画面中的白色区域或黑色区域进行移除。图 6-191 所示为"移除遮罩"特效的设置。

11. 色度键

运用该特效可以将图像上的某种颜色及相似范围的颜色设置为透明，从而显示后面的图像。该特效适用于纯色背景的图像。在"效果控件"面板中选择吸管工具 ⚮，在项目监视器窗口中需要抠去的颜色上单击选取颜色；吸取颜色后，调节各项参数，观察抠像效果，如图 6-192 所示。

图 6-191

- "相似性"：用于设置所选取颜色的容差度。
- "混合"：用于设置透明与非透明边界色彩的混合程度。
- "阈值"：用于设置素材中蓝色背景的透明度。向左拖动滑块将增加素材不透明度，该选项数值为 0 时，蓝色将完全透明。
- "屏蔽度"：用于设置前景色与背景色的对比度。
- "平滑"：用于调整抠像后素材边缘的平滑程度。
- "仅蒙版"：勾选此复选框，将只显示抠像后素材的 Alpha 通道。

应用"色度键"特效的效果如图 6-193、图 6-194 和图 6-195 所示。

图 6-192

图 6-193   图 6-194   图 6-195

12. 蓝屏键

该特效又称"抠蓝"，用于在画面上进行蓝色叠加。应用该特效后，其参数面板如图 6-196 所示。

- "阈值"：用于调整被添加的蓝色背景的不透明度。
- "屏蔽度"：用于调节前景图像的对比度。
- "平滑"：用于调节图像的平滑度。
- "仅蒙版"：勾选此复选框，前景仅作为蒙版使用。

应用"蓝屏键"特效的效果如图 6-197、图 6-198 和图 6-199 所示。

图 6-196

图 6-197   图 6-198   图 6-199

13. 轨道遮罩键

该特效将遮罩层进行适当比例的缩小，并显示在原图层上。应用"轨道遮罩键"特效的效果如图 6-200、图 6-201 和图 6-202 所示。

图 6-200   图 6-201   图 6-202

14. 非红色键

该特效可以叠加具有蓝色背景的素材，并使这类背景产生透明效果。应用"非红色键"特效的效果如图 6-203、图 6-204 和图 6-205 所示。

图 6-203

　　图 6-204

　　图 6-205

15. 颜色键

　　使用"颜色键"特效，可以根据指定的颜色将素材中像素值相同的颜色设置为透明。该特效与"色度键"特效类似，同样是在素材中选择一种颜色或一个颜色范围并将它们设置为透明。但"颜色键"特效可以单独调节素材像素颜色和灰度值，而"色度键"特效则可以同时调节这些内容。应用"颜色键"特效的效果如图 6-206、图 6-207 和图 6-208 所示。

　　图 6-206

　　图 6-207

　　图 6-208

6.4 课堂练习——单色保留

练习知识要点

　　用"分色"命令制作视频去色效果。单色保留效果如图 6-209 所示。

效果所在位置

　　资源包/Ch06/单色保留. prproj。

　　图 6-209

单色保留

6.5 课后习题——颜色替换

习题知识要点

使用"ProcAmp"命令调整图像的饱和度；使用"更改颜色"命令改变图像的颜色。颜色替换效果如图6-210所示。

效果所在位置

资源包/Ch06/颜色替换. prproj。

图6-210

颜色替换

7

第 7 章
字幕与字幕特技

本章主要讲解字幕的制作方法，并对字幕的创建、保存、字幕窗口中的各项功能及使用方法进行详细介绍。通过本章的学习，读者能快速掌握编辑字幕的操作技巧。

课堂学习目标

- 熟练掌握创建和编辑字幕的方法
- 掌握插入标志的方法和技巧
- 了解创建运动字幕的方法和技巧

7.1 "字幕" 编辑面板概述

　　Premiere Pro CC 提供了一个专门用来创建及编辑字幕的"字幕"编辑面板，如图7-1所示，所有文字编辑及处理都是在该面板中完成的。其功能非常强大，不仅可以创建各种各样的文字效果，而且能够绘制各种图形，这为用户的文字编辑工作提供很大的方便。

图 7-1

　　Premiere Pro CC 的"字幕"面板主要由字幕属性栏、字幕工具箱、字幕动作栏、"字幕属性"设置子面板、字幕工作区和"字幕样式"子面板6部分组成。

7.1.1 字幕属性栏

　　字幕属性栏主要用于设置字幕的运动类型、字体、加粗、斜体和下划线等，如图7-2所示。

图 7-2

- "基于当前字幕新建字幕"按钮：单击该按钮，将弹出如图7-3所示的对话框，在该对话框中可以为字幕文件重新命名。
- "滚动/游动选项"按钮：单击该按钮，将弹出"滚动/游动选项"对话框，如图7-4所示，在对话框中可以设置字幕的运动类型。
- "模板"按钮：单击该按钮，弹出"模板"对话框，在对话框中选择模板。
- "字体"列表 Adobe... ▼：在此下拉列表中可以选择字体。
- "字体样式"列表 Regular ▼：在此下拉列表中可以设置字形。
- "粗体"按钮 B：单击该按钮，可以将当前选中的文字加粗。
- "斜体"按钮 T：单击该按钮，可以将当前选中的文字倾斜。

- "下划线"按钮 $\boxed{U}$：单击该按钮，可以为文字设置下划线。
- "大小"选项 $\boxed{T}$：在此选项可以设置字体大小。
- "字偶间距"选项 $\boxed{AV}$：在此选项可以设置文字间距。
- "行距"选项 $\boxed{A}$：在此选项可以设置行距。
- "左对齐"按钮 $\boxed{\equiv}$：单击该按钮，将所选对象进行左边对齐。
- "居中"按钮 $\boxed{\equiv}$：单击该按钮，将所选对象进行居中对齐。
- "右对齐"按钮 $\boxed{\equiv}$：单击该按钮，将所选对象进行右边对齐。
- "制表位"按钮 $\boxed{\text{制}}$：单击该按钮，将弹出如图 7-5 所示的对话框，该对话框中各个按钮的主要功能如下。
    - ➢ "左对齐制作符"按钮 $\boxed{\downarrow}$：字符的最左侧都在此处对齐。
    - ➢ "居中对齐制作符"按钮 $\boxed{\downarrow}$：字符一分为二，字符串的中间位置就是这个制表符的位置。
    - ➢ "右对齐制作符"按钮 $\boxed{\downarrow}$：字符的最右侧都在此处对齐。

对话框中为添加制作符的区域，可以通过单击刻度尺上方的浅灰色区域来添加制表符。

- "显示背景视频"按钮 $\boxed{\text{背}}$：显示当前时间指针所处的位置，可以在时间码的位置输入一个有效的时间值，调整当前显示画面。

图 7-3

图 7-4

图 7-5

7.1.2 字幕工具箱

字幕工具箱提供了一些制作文字与图形的常用工具，如图 7-6 所示。利用这些工具，可以为影片添加标题及文本、绘制几何图形和定义文本样式等。

图 7-6

- "选择"工具 $\boxed{\blacktriangleright}$：用于选择某个对象或文字。选中某个对象后，在对象的周围会出现带有 8 个控制手柄的矩形，拖曳控制手柄可以调整对象的大小和位置。
- "旋转"工具 $\boxed{\circlearrowleft}$：用于对所选对象进行旋转操作。使用旋转工具时，必须先使用选择工具选中对象，然后再使用旋转工具，单击并按住鼠标拖曳即可旋转对象。
- "文字"工具 $\boxed{T}$：使用该工具，在字幕工作区中单击，出现文字输入光标，在光标闪烁的位置可以输入文字。另外，使用该工具也可以对输入的文字进行修改。
- "垂直文字"工具 $\boxed{\downarrow T}$：使用该工具，可以在字幕工作区中输入垂直文字。
- "区域文字"工具 $\boxed{\equiv}$：单击该按钮，在字幕工作区中可以拖曳出文本框。
- "垂直区域文字"工具 $\boxed{\text{垂}}$：单击该按钮，可在字幕工作区中拖曳出垂直文本框。
- "路径文字"工具 $\boxed{\nwarrow}$：使用该工具可先绘制一条路径，然后输入文字，且输入的文字平行于路径。
- "垂直路径文字"工具 $\boxed{\nwarrow}$：使用该工具可先绘制一条路径，然后输入文字，且输入的文字垂直于路径。
- "钢笔"工具 $\boxed{\text{钢}}$：用于创建路径或调整使用平行或垂直路径工具所输入文字的路径。将钢笔工具置于路径的定位点或手柄上，可以调整定位点的位置和路径的形状。

- "删除锚点"工具：用于在已创建的路径上删除定位点。
- "添加锚点"工具：用于在已创建的路径上添加定位点。
- "转换锚点"工具：用于调整路径的形状，将平滑定位点转换为角定位点，或将定位点转换为平滑定位点。
- "矩形"工具：使用该工具可以绘制矩形。
- "圆角矩形"工具：使用该工具可以绘制圆角矩形。
- "切角矩形"工具：使用该工具可以绘制切角矩形。
- "圆矩形"工具：使用该工具可以绘制圆矩形。
- "楔形"工具：使用该工具可以绘制三角形。
- "弧形"工具：使用该工具可以绘制圆弧，即扇形。
- "椭圆"工具：使用该工具可以绘制椭圆形。
- "直线"工具：使用该工具可以绘制直线。

如图 7-7 所示为使用各个图形绘制工具绘制的图形效果。

提示

在绘制图形时，根据需要结合使用<Shift>键，可以快捷地绘制出需要的图形。例如，使用矩形工具，按住<Shift>键可以绘制正方形；使用椭圆工具，按住<Shift>键可以绘制圆形。

在绘制的图形上单击鼠标右键，将弹出如图 7-8 所示的快捷菜单，在"图形类型"子菜单中单击相应的命令，即可在各种图形之间进行转换，甚至可以将不规则的图形转换成规则的图形。

图 7-7

图 7-8

7.1.3 字幕动作栏

字幕动作栏中的各个按钮主要用于快速地排列或者分布文字，如图 7-9 所示。

- "水平靠左"按钮：以选中的文字或图形左垂直线为基准对齐。
- "垂直靠上"按钮：以选中的文字或图形顶部水平线为基准对齐。
- "水平居中"按钮：以选中的文字或图形垂直中心线为基准对齐。
- "垂直居中"按钮：以选中的文字或图形水平中心线为基准对齐。
- "水平靠右"按钮：以选中的文字或图形右垂直线为基准对齐。

- "垂直靠下"按钮 ：以选中的文字或图形底部水平线为基准对齐。
- "垂直居中"按钮：使选中的文字或图形在屏幕垂直居中。
- "水平居中"按钮：使选中的文字或图形在屏幕水平居中。
- "水平靠左"按钮：以选中的文字或图形的左垂直线来分布文字或图形。
- "垂直靠上"按钮：以选中的文字或图形的顶部线来分布文字或图形。
- "水平居中"按钮：以选中的文字或图形的垂直中心来分布文字或图形。
- "垂直居中"按钮：以选中的文字或图形的水平中心来分布文字或图形。
- "水平靠右"按钮：以选中的文字或图形的右垂直线来分布文字或图形。
- "垂直靠下"按钮：以选中的文字或图形的底部线来分布文字或图形。
- "水平等距间隔"按钮：以屏幕的垂直中心线来分布文字或图形。
- "垂直等距间隔"按钮：以屏幕的水平中心线来分布文字或图形。

图 7-9

7.1.4　字幕工作区

字幕工作区是制作字幕和绘制图形的工作区，它位于"字幕"编辑面板的中心，在工作区中有两个白色的矩形线框，其中内线框是安全字幕边距，外线框是安全动作边距。如果文字或者图像放置在动作安全框之外，那么一些 NTSC 制式的电视中这部分内容将不会被显示出来，即使能够显示，很可能会出现模糊或者变形现象，因此，在创建字幕时最好将文字和图像放置在安全边距之内。

如果字幕工作区中没有显示安全区域线框，可以通过以下两种方法显示安全区域线框。

- 在字幕工作区中单击鼠标右键，在弹出的快捷菜单中选择"视图 > 安全字幕边距 / 安全动作边距"命令即可。
- 选择"字幕 > 视图 > 安全字幕边距 / 安全动作边距"命令。

7.1.5　"字幕样式"子面板

在 Premiere Pro CC 中，使用"字幕样式"子面板可以制作出令人满意的字幕效果。"字幕样式"子面板位于"字幕"编辑面板的中下部，其中包含了各种已经设置好的文字效果和多种字体效果，如图 7-10 所示。

图 7-10

如果要为一个对象应用预设的风格效果，只需选中该对象，然后在"字幕样式"子面板中单击要应用的风格效果即可，如图 7-11 和图 7-12 所示。

图 7-11

图 7-12

7.1.6 "字幕属性"设置子面板

在字幕工作区中输入文字后，可在位于"字幕"编辑面板右侧的"字幕属性"设置子面板中设置文字的具体属性参数，如图 7–13 所示。"字幕属性"设置子面板分为 6 个部分，分别为"变换""属性""填充""描边""阴影"和"背景"，各个部分主要作用如下。

- "变换"：可以设置对象的位置、高度、宽度、旋转角度以及不透明度等相关属性。
- "属性"：可以设置对象的一些基本属性，如文本的大小、字体、字间距、行间距和字形等相关属性。
- "填充"：可以设置文本或者图形对象的颜色和纹理。
- "描边"：可以设置文本或者图形对象的边缘，使边缘与文本或者图形主体呈现不同的颜色。
- "阴影"：可以为文本或者图形对象设置各种阴影属性。
- "背景"：设置字幕的背景色及背景色的各种属性。

图 7–13

7.2 创建字幕文字对象

利用字幕工具箱中的各种文字工具，用户可以非常方便地创建出水平排列或垂直排列的文字，也可以创建出沿路径行走的文字，以及水平或者垂直段落文字。

7.2.1 课堂案例——在线科技

⊕ 案例学习目标

输入水平文字。

⊕ 案例知识要点

使用"字幕"命令编辑文字；使用"投影"命令为文字添加投影。在线科技效果如图 7–14 所示。

⊕ 效果所在位置

资源包/Ch07/在线科技. prproj。

图 7–14

在线科技

STEP 1 启动 Premiere Pro CC 软件，弹出"欢迎使用 Adobe Premiere Pro"界面，单击"新建项目"按钮 🄿 新建项目…，弹出"新建项目"对话框，设置"位置"选项，选择保存文件路径，在"名称"

文本框中输入文件名"在线科技",如图 7-15 所示。单击"确定"按钮,然后按<Ctrl>+<N>组合键,弹出"新建序列"对话框,在左侧的列表中展开"DV-PAL"选项,选中"标准 48kHz"模式,如图 7-16 所示,单击"确定"按钮。

图 7-15

图 7-16

STEP 2 选择"文件 > 导入"命令,弹出"导入"对话框,选择资源包中的"Ch07/在线科技/素材/ 01"文件,单击"打开"按钮,导入视频文件,如图 7-17 所示。导入后的文件排列在"项目"面板中,如图 7-18 所示。在"项目"面板中选中"01"文件并将其拖曳到"时间轴"窗口中的"视频 1"轨道中,如图 7-19 所示。

图 7-17

图 7-18

图 7-19

STEP 3 选择"文件 > 新建 > 字幕"命令,弹出"新建字幕"对话框,如图 7-20 所示。单击"确定"按钮,弹出字幕编辑面板,选择"文字"工具 T,在字幕工作区中输入需要的文字,在"字幕属性栏"中选择需要的字体和文字大小,其他设置如图 7-21 所示。选取需要的文字,设置适当的"字偶间距",效果如图 7-22 所示。将所有文字选取,设置文字填充颜色为粉色(其 R、G、B 值分别为 253、233、213),其他设置如图 7-23 所示。

图 7-20

图 7-21

图 7-22

图 7-23

STEP 4 在"项目"面板中选中"字幕 01"文件并将其拖曳到"视频 2"轨道中，如图 7-24 所示。在"视频 2"轨道上选中"字幕 01"文件，将鼠标指针放在"字幕 01"文件的尾部，当鼠标指针呈 状时，向后拖曳鼠标到与 01 尾部相同的位置上，如图 7-25 所示。

图 7-24

图 7-25

STEP 5 选择"窗口 > 效果"命令，弹出"效果"面板，展开"视频效果"分类选项，单击"透视"文件夹前面的三角形按钮 将其展开，选中"投影"特效，如图 7-26 所示。将"投影"特效拖曳到"时间轴"窗口中的"字幕 01"层上，如图 7-27 所示。选择"效果控件"面板，展开"投影"特效并进行参数设置，如图 7-28 所示。在"节目"窗口中预览效果，如图 7-29 所示。在线科技制作完成。

图 7-26

图 7-28

图 7-29

7.2.2　创建水平或垂直排列文字

打开"字幕"编辑面板后，可以根据需要，利用字幕工具箱中的"文字"工具 T 和"垂直文字"工具 ⫯T 创建水平排列或者垂直排列的字幕文字，其具体操作步骤如下。

STEP 1 在字幕工具箱中选择"文字"工具 T 或"垂直文字"工具 ⫯T。

STEP 2 在"字幕"编辑面板的字幕工作区中单击并输入文字即可，如图 7-30 和图 7-31 所示。

图 7-30

图 7-31

7.2.3　创建路径文字

利用字幕工具箱中的平行或者垂直路径工具可以创建路径文字，具体操作步骤如下。

STEP 1 在字幕工具箱中选择"路径文字"工具 ⤴ 或"垂直路径文字"工具 ⤵。

STEP 2 移动鼠标指针到"字幕"编辑面板的字幕工作区中，此时，鼠标指针变为钢笔状，然后在需要输入的位置单击。

STEP 3 将鼠标移动另一个位置再次单击，此时会出现一条曲线，即文本路径。

STEP 4 选择文字输入工具（任何一种都可以），在路径上单击并输入文字即可，如图 7-32 和图 7-33 所示。

图 7-32　　　　　　　　　　　　　图 7-33

7.2.4　创建段落字幕文字

利用字幕工具箱中的文本框工具或垂直文本框工具可以创建段落文本，其具体操作步骤如下。

STEP 1 在字幕工具箱中选择"区域文字"工具 或"垂直区域文字"工具 。

STEP 2 将鼠标指针移动到"字幕"编辑面板的字幕工作区中，单击鼠标并按住左键不放，从左上角向右下角拖曳出一个矩形框，然后输入文字，效果如图 7-34 和图 7-35 所示。

图 7-34　　　　　　　　　　　　　图 7-35

7.3　编辑与修饰字幕文字

字幕创建完成以后，接下来还需要对字幕进行相应的编辑和修饰，下面进行详细介绍。

7.3.1　课堂案例——繁花似锦

案例学习目标

输入并编辑字幕文字。

案例知识要点

使用"RGB 曲线"命令调整背景视频亮度；使用"字幕"命令编辑文字；使用"运动"选项改变文字的缩放并制作动画效果；使用"渐变"命令制作文字的渐变效果；使用"投影"命令为文字添加投影效果。繁花似锦效果如图 7-36 所示。

效果所在位置

资源包/Ch07/繁花似锦. prproj。

图 7-36

繁花似锦

STEP 1 启动 Premiere Pro CC 软件，弹出"欢迎使用 Adobe Premiere Pro"界面，单击"新建项目"按钮 新建项目… ，弹出"新建项目"对话框，设置"位置"选项，选择保存文件路径，在"名称"文本框中输入文件名"繁花似锦"，如图 7-37 所示。单击"确定"按钮，然后按<Ctrl>+<N>组合键，弹出"新建序列"对话框，在左侧的列表中展开"DV-PAL"选项，选中"标准 48kHz"模式，如图 7-38 所示，单击"确定"按钮。

图 7-37

图 7-38

STEP 2 选择"文件 > 导入"命令，弹出"导入"对话框，选择资源包中的"Ch07/繁花似锦/素材/ 01"文件，单击"打开"按钮，导入视频文件，如图 7-39 所示。导入后的文件排列在"项目"面板中，如图 7-40 所示。

STEP 3 在"项目"面板中选中"01"文件并将其拖曳到"时间轴"窗口中的"视频 1"轨道中，如图 7-41 所示。将时间指示器放置在 6:23 s 的位置，在"视频 1"轨道上选中"01"文件，将鼠标指针放在"01"文件的结束位置，当鼠标指针呈 ◄| 状时，向前拖曳光标到 6:23 s 的位置上，如图 7-42 所示。

图 7-39

图 7-40

图 7-41

图 7-42

STEP 4 将时间指示器放置在 0 s 的位置。选择"效果控件"面板，展开"运动"选项，将"缩放"选项设置为 53.0，如图 7-43 所示。在"节目"窗口中预览效果，如图 7-44 所示。

图 7-43

图 7-44

STEP 5 选择"窗口 > 效果"命令，弹出"效果"面板，展开"视频效果"分类选项，单击"颜色校正"文件夹前面的三角形按钮▷将其展开，选中"RGB 曲线"特效，如图 7-45 所示。将"RGB 曲线"特效拖曳到"时间轴"窗口中的"01"文件上，如图 7-46 所示。

STEP 6 选择"效果控件"面板，展开"RGB 曲线"选项，设置如图 7-47 所示。在"节目"窗口中预览效果，如图 7-48 所示。

STEP 7 选择"文件 > 新建 > 字幕"命令，弹出"新建字幕"对话框，设置如图 7-49 所示。单击"确定"按钮，弹出字幕编辑面板，选择"文字"工具 T ，在字幕工作区中输入需要的文字，其他设置如图 7-50 所示。关闭字幕编辑面板，新建的字幕文件自动保存到"项目"窗口中。

图 7-45   图 7-46   图 7-47

图 7-48   图 7-49   图 7-50

STEP 8 选择"文件 > 新建 > 字幕"命令，弹出"新建字幕"对话框，设置如图 7-51 所示。单击"确定"按钮，弹出字幕编辑面板，选择"文字"工具 T，在字幕工作区中输入需要的文字，其他设置如图 7-52 所示。关闭字幕编辑面板，新建的字幕文件自动保存到"项目"窗口中。

图 7-51   图 7-52

STEP 9 在"项目"面板中选中"繁花似锦"文件并将其拖曳到"时间轴"窗口中的"视频 2"轨道中，如图 7-53 所示。在"视频 2"轨道上选中"繁花似锦"文件，将鼠标指针放在"繁花似锦"文件的结束位置，当鼠标指针呈 ◀ 状时，向后拖曳光标到与"01"文件结尾相等的位置上，如图 7-54 所示。

图 7-53

图 7-54

STEP 10 选择"效果控件"面板，展开"运动"选项，将"缩放"选项设置为 0，单击"缩放"选项前面的"记录动画"按钮 🖲，如图 7-55 所示，添加第 1 个关键帧。将时间指示器放置在 1:00 s 的位置，将"缩放"选项设置为 100.0，如图 7-56 所示，添加第 2 个关键帧。

图 7-55

图 7-56

STEP 11 在"效果"面板中，展开"视频效果"分类选项，单击"生成"文件夹前面的三角形按钮 ▷ 将其展开，选中"渐变"特效，如图 7-57 所示。将"渐变"特效拖曳到"时间轴"窗口中的"繁花似锦"层上，如图 7-58 所示。

图 7-57

图 7-58

STEP 12 将时间指示器放置在 0 s 的位置，选择"效果控件"面板，展开"渐变"特效，将"起始颜色"设置为黄色（其 R、G、B 的值分别为 255、252、159），"结束颜色"设置为紫红色（其 R、G、B 的值分别为 192、23、134），将"渐变起点"选项设置为 374.0 和 193.6，"渐变终点"选项设置为 388.6 和 291.7，单击"渐变起点"和"渐变终点"选项前面的记录动画按钮 🖲，如图 7-59 所示，记录第 1 个动画关键帧。将时间指示器放置在 6:00 s 的位置，将"渐变起点"选项设置为 306.8 和 167.9，"渐变终点"选项设置为 223.9 和 322.3，如图 7-60 所示，记录第 2 个动画关键帧。

图 7-59

图 7-60

STEP 13 在"效果"面板中,展开"视频效果"分类选项,单击"透视"文件夹前面的三角形按钮▷将其展开,选中"投影"特效,如图 7-61 所示。将"投影"特效拖曳到"时间轴"窗口中的"繁花似锦"层上,如图 7-62 所示。

图 7-61

图 7-62

STEP 14 选择"效果控件"面板,展开"投影"选项,设置如图 7-63 所示。在"节目"窗口中预览效果,如图 7-64 所示。

图 7-63

图 7-64

STEP 15 在"项目"面板中选中"Carpet of flowers"文件并将其拖曳到"时间轴"窗口中的"视频 3"轨道中,如图 7-65 所示。在"视频 2"轨道上选中"Carpet of flowers"文件,将鼠标指针放在

"Carpet of flowers" 文件的结束位置，当鼠标指针呈 ◀ 状时，向后拖曳光标到与 "01" 文件结尾相等的位置上，如图 7-66 所示。

图 7-65　　　　　　　　　　　　图 7-66

STEP 16 将时间指示器放置在 0 s 的位置，选择 "效果控件" 面板，展开 "运动" 选项，将 "缩放" 选项设置为 0，单击 "缩放" 选项前面的 "记录动画" 按钮，如图 7-67 所示，记录第 1 个动画关键帧。将时间指示器放置在 1:00 s 的位置，将 "缩放" 选项设置为 100.0，如图 7-68 所示，记录第 2 个动画关键帧。

图 7-67　　　　　　　　　　　　图 7-68

STEP 17 在 "时间轴" 面板中选择 "繁花似锦" 文件，选择 "效果控件" 面板，按住<Ctrl>键，选择 "渐变" 和 "投影" 特效，如图 7-69 所示，按<Ctrl>+<C>组合键复制特效。在 "时间轴" 面板中选择 "Carpet of flowers" 文件，按<Ctrl>+<V>组合键粘贴特效，如图 7-70 所示。

图 7-69　　　　　　　　　　　　图 7-70

STEP 18 将时间指示器放置在 0 s 的位置，选择 "效果控件" 面板，展开 "渐变" 特效，将 "渐变起点" 选项设置为 405.4 和 308.8，"渐变终点" 选项设置为 396.4 和 350.5，如图 7-71 所示。将时间指示器放置在 6:00 s 的位置，将 "渐变起点" 选项设置为 292.3 和 311.3，"渐变终点" 选项设置为 421.0 和 344.4，如图 7-72 所示。繁花似锦制作完成，效果如图 7-73 所示。

图 7-71　　　　　　　　　　图 7-72　　　　　　　　　　图 7-73

7.3.2　编辑字幕文字

1．文字对象的选择与移动

STEP 1　选择"选择"工具 ，将鼠标指针移动至字幕工作区，单击要选择的字幕文本即可将其选中，此时在字幕文字的四周将出现带有 8 个控制点的矩形框，如图 7-74 所示。

STEP 2　在字幕文字处于选中的状态下，将鼠标指针移动至矩形框内，单击鼠标并按住左键不放进行拖曳即可实现文字对象的移动，如图 7-75 所示。

图 7-74　　　　　　　　　　　　　　　图 7-75

2．文字对象的缩放和旋转

STEP 1　选择"选择"工具 ，单击文字对象将其选中。

STEP 2　将鼠标指针移至矩形框的任意一个点，当鼠标指针呈 、 或 形状时，单击并按住鼠标左键拖曳即可实现缩放。如果按住<Shift>键的同时拖曳光标，可以等比例缩放，如图 7-76 所示。

STEP 3　在文字处于选中的情况下选择"旋转"工具 ，将鼠标指针移动至工作区，单击鼠标并按住左键拖曳即可实现旋转操作，如图 7-77 所示。

图 7-76　　　　　　　　　　　　　　　图 7-77

3. 改变文字对象的方向

STEP 1 选择"选择"工具 ，单击文字对象将其选中。

STEP 2 选择"字幕 > 方向 > 垂直"命令，即可改变文字对象的排列方向，如图 7-78 和图 7-79 所示。

图 7-78

图 7-79

7.3.3 设置字幕属性

通过"字幕属性"子面板，用户可以非常方便地对字幕文字进行修饰，包括调整其位置，不透明度，文字的字体、字号、颜色和为文字添加阴影等。

1. 变换设置

在"字幕属性"子面板的"变换"栏中可以对字幕文字或图形的不透明度、位置、高度、宽度，以及旋转等属性进行操作，如图 7-80 所示。

- "不透明度"：设置字幕文字或图形对象的不透明度。
- "X 位置"/"Y 位置"：设置文字在画面中所处的位置。
- "宽度"/"高度"：设置文字的宽度/高度。
- "旋转"：设置文字旋转的角度。

图 7-80

2. 属性设置

在"字幕属性"子面板的"属性"栏中可以对字幕文字的字体、大小、外观以及字距、扭曲等一些基本属性进行设置，如图 7-81 所示。

- "字体系列"：在此选项右侧的下拉列表中可以选择字体。
- "字体样式"：在此选项右侧的下拉列表中可以设置字体类型。
- "字体大小"：设置文字的大小。
- "方向"：设置文字在水平方向上进行比例缩放。
- "行距"：设置文字的行间距。
- "字偶间距"：设置相邻文字之间的水平距离。
- "字符间距"：其功能与"字距"类似，两者的区别是对选择的多

图 7-81

  个字符进行字间距的调整，"字距"选项会保持选择的多个字符的位置不变，向右平均分配字符间距，而"跟踪"选项会平均匀分配所选择的每一个相邻字符的位置。
- "基线位移"：设置文字偏离水平中心线的距离，主要用于创建文字的上标和下标。
- "倾斜"：设置文字的倾斜程度。
- "小型大写字母"：勾选该复选框，可以将所选的小写字母变成大写字母。
- "小型大写字母大小"：该选项配合"小型大写字母"选项使用，可以将显示的大写字母放大或缩小。
- "下划线"：勾选此复选框，可以为文字添加下划线。

● "扭曲"：用于设置文字在水平或垂直方向的变形。

3. 填充设置

在"字幕属性"子面板的"填充"栏中主要用于设置字幕文字或者图形
的填充类型、色彩和不透明度等属性，如图 7-82 所示。

图 7-82

- ● "填充类型"：单击该选项右侧的下拉按钮，在弹出的下拉列表中
  可以选择需要填充的类型，共有 7 种方式供选择。
  - ➤ "实底"：使用一种颜色进行填充，这是系统默认的填充方式。
  - ➤ "线性渐变"：使用两种颜色进行线性渐变填充。当选择该选项进行填充时，"颜色"选项
    变为渐变颜色栏，分别单击选择一个颜色块，再单击"色彩到色彩"选项颜色块，在弹出
    的对话框中对渐变开始和渐变结束的颜色进行设置。
  - ➤ "径向渐变"：该填充方式与"线性渐变"类似，不同之处是"线性渐变"使用两种颜色的
    线性过渡进行填充，而"径向渐变"则使用两种颜色填充后产生由中心向四周辐射的过渡。
  - ➤ "四色渐变"：该填充方式使用 4 种颜色的渐变过渡来填充字幕文字或者图形，每种颜色占
    据文本的一个角。
  - ➤ "斜面"：该填充方式使用一种颜色填充高光部分，另一种颜色填充阴影部分，再通过添加
    灯光应用可以使文字产生斜面，效果类似于立体浮雕。
  - ➤ "消除"：该填充方式是将文字的实体填充的颜色消除，文字为完全透明。如果为文字添加
    了描边，采用该方式填充，则可以制作空心的线框文字效果；如果为文字设置了阴影，选
    择该方式，则只能留下阴影的边框。
  - ➤ "重影"：该填充方式使填充区域变为透明，只显示阴影部分。
- ● "光泽"：该选项用于为文字添加辉光效果。
- ● "纹理"：使用该选项可以为字幕文字或者图形添加纹理效果，以增强文字或者图形的表现力。
  纹理填充的图像可以是位图，也可以是矢量图。

4. 描边设置

"描边"栏主要用于设置文字或者图形的描边效果，可以设置内部笔画和
外部笔画，如图 7-83 所示。

用户可以选择使用"内描边"或"外描边"，也可以两者一起使用。应
用描边效果，首先单击"添加"选项，添加需要的描边效果。两种描边效果
的参数选项基本相同。

应用描边效果后，可以在"类型"下拉列表中选择描边模式。

图 7-83

- ● "深度"：选择该选项后，可以在"大小"参数选项中设置边缘的宽
  度，在"颜色"参数中设定边缘的颜色，在"不透明度"参数选项
  中设置描边的不透明度，在"填充类型"下拉列表中选择描边的填
  充方式。
- ● "边缘"：选择该选项，可以使字幕文字或图形产生一个厚度，呈现
  立体字的效果。
- ● "凹进"：选择该选项，可以使字幕文字或图形产生一个分离的面，类似于产生透视的投影。

5. 阴影设置

"阴影"栏用于添加阴影效果，如图 7-84 所示。

- "颜色"：设置阴影的颜色。单击该选项右侧的颜色块，在弹出的对话框中可以选择需要的颜色。
- "不透明度"：设置阴影的不透明度。
- "角度"：设置阴影的角度。
- "距离"：设置文字与阴影之间的距离。
- "大小"：设置阴影的大小。
- "扩散"：设置阴影的扩展程度。

图 7-84

7.4 插入标志

在影视制作过程中，有时需要在影视作品中插入一些特定的标志，Premiere Pro CC 也提供了这种功能。在 Premiere Pro CC 中插入标志有两种方法，下面简要地介绍插入标志的操作方法。

7.4.1 将标志导入到"字幕"编辑面板

将标志导入到"字幕"编辑面板的具体操作步骤如下。

STEP 1 按<Ctrl>+<T>组合键，新建一个字幕文件。

STEP 2 选择"字幕 > 图形 > 插入图形"命令，在弹出的对话框中选择需要的图形。

STEP 3 单击"打开"按钮，即可将所选的图像导入字幕工作区，如图 7-85 所示。

图 7-85

7.4.2 将标志插入字幕文本中

将标志插入字幕文本中的具体操作步骤如下。

STEP 1 按<Ctrl>+<T>组合键，新建一个字幕文件。

STEP 2 选择"文字"工具 T，在字幕工作区中单击并输入需要的文本，同时设置文字的字体、颜色等属性，效果如图 7-86 所示。

STEP 3 将鼠标指针置于要插入标志处并单击鼠标右键，在弹出的快捷菜单中选择"图形 > 将图形插入文本中"命令，在弹出的对话框中选择要插入的标志文件，单击"打开"按钮，即可将所选的图像插入文本中，效果如图 7-87 所示。

图 7-86

图 7-87

 提示

在对字幕文本进行调整修改的同时，也会影响插入的标志，如果不希望影响标志，或者需要单独对标志进行修改，可以使用文本工具对对象进行修改。

7.5 创建运动字幕

在观看电影时，经常会看到影片的开头和结尾都有滚动文字，显示导演与演员的姓名等，或是影片中出现人物对白的文字。这些文字可以通过使用视频编辑软件添加到视频画面中。Premiere Pro CC 中提供了垂直滚动和水平滚动字幕效果。

7.5.1 制作垂直滚动字幕

制作垂直滚动字幕的具体操作步骤如下。

STEP 1 启动 Premiere Pro CC，在"项目"面板中导入素材并将素材添加到"时间轴"面板中的视频轨道上。

STEP 2 选择"字幕 > 新建字幕 > 默认静态字幕"命令，在弹出的"新建字幕"对话框中设置字幕的名称，单击"确定"按钮，打开"字幕"编辑面板，如图 7-88 所示。

图 7-88

STEP 3 选择"文字"工具 T，在字幕工作区中单击并按住鼠标拖曳出一个文字输入的范围框，然后输入文字内容并对文字属性进行相应的设置，效果如图7-89所示。

STEP 4 单击"滚动/游动选项"按钮，在弹出的对话框中选中"滚动"单选项，在"定时（帧）"栏中勾选"开始于屏幕外"和"结束于屏幕外"复选框，其他参数的设置如图7-90所示。

图7-89

图7-90

STEP 5 单击"确定"按钮，再单击面板右上角的"关闭"按钮，关闭字幕编辑面板，返回到Premiere Pro CC的工作界面，此时制作的字符将会自动保存在"项目"面板中。从"项目"面板中将新建的字幕添加到"时间轴"面板的"视频2"轨道上，并将其调整为与轨道1中的素材等长，如图7-91所示。

STEP 6 单击"节目"监视器窗口下方的"播放–停止切换"按钮 ▶ / ■，即可预览字幕的垂直滚动效果，如图7-92和图7-93所示。

图7-91

图7-92

图7-93

7.5.2 制作横向滚动字幕

制作横向滚动字幕与制作垂直字幕的操作基本相同，其具体操作步骤如下。

STEP 1 启动Premiere Pro CC，在"项目"面板中导入素材并将素材添加到"时间轴"面板中的视频轨道上，然后创建一个字幕文件。

STEP 2 选择"文字"工具 T，在字幕工作区中输入需要的文字并对文字属性进行相应的设置，效果如图7-94所示。

STEP 3 单击"滚动/游动选项"按钮，在弹出的对话框中选中"向右游动"单选项，在"定时（帧）"栏中勾选"开始于屏幕外"和"结束于屏幕外"复选框，其他参数设置如图7-95所示。

STEP 4 单击"确定"按钮，再次单击面板右上角的"关闭"按钮，关闭字幕编辑面板，返回到Premiere Pro CC的工作界面，此时制作的字符将会自动保存在"项目"面板中，从"项目"面板中将新建的字幕添加到"时间轴"面板的"视频2"轨道上，如图7-96所示。

图 7-94

图 7-95

图 7-96

STEP 5 单击"节目"监视器窗口下方的"播放-停止切换"按钮 ▶ / ■ ，即可预览字幕的横向滚动效果，如图 7-97 和图 7-98 所示。

图 7-97

图 7-98

7.6 课堂练习——影视快车

练习知识要点

使用"轨道遮罩键"命令制作文字蒙版；使用"缩放"选项制作文字大小动画；使用"不透明度"选项制作文字不透明动画效果。影视快车效果如图 7-99 所示。

效果所在位置

资源包/Ch07/影视快车. prproj。

图 7-99

影视快车

7.7 课后习题——节目片头

习题知识要点

使用"字幕"命令编辑文字和图形；使用"运动"选项改变文字的位置、缩放、角度和不透明度；使用"光照效果"命令制作背景的照明效果。节目片头效果如图 7-100 所示。

效果所在位置

资源包/Ch07/节目片头. prproj。

图 7-100

节目片头

8 Chapter

第 8 章
加入音频效果

本章对音频及音频特效的应用与编辑进行讲解，重点讲解音轨混合器、制作录音效果及添加音频特效等操作。通过本章内容的学习，读者应该可以完全掌握 Premiere Pro CC 的声音特效制作。

课堂学习目标

- 掌握调节和合成音频的技巧
- 了解分离和链接视音频的方法
- 掌握添加音频特效的方法

8.1 关于音频效果

Premiere Pro CC 音频改进后功能十分强大，不仅可以编辑音频素材、添加音效、单声道混音、制作立体声和 5.1 环绕声，还可以使用时间轴窗口进行音频的合成工作。

在 Premiere Pro CC 中可以很方便地处理音频，同时软件中还提供了一些处理方法，如声音的摇摆和渐变等。

在 Premiere Pro CC 中对音频素材进行处理主要有以下 3 种方式。

- 在"时间轴"窗口的音频轨道上通过修改关键帧的方式对音频素材进行操作，如图 8-1 所示。
- 使用菜单命令中相应的命令来编辑所选的音频素材，如图 8-2 所示。

图 8-1   图 8-2

- 在"效果"面板中为音频素材添加"音频效果"来改变音频素材的效果，如图 8-3 所示。

图 8-3

选择"编辑 > 首选项 > 音频"命令，弹出"首选项"对话框，可以对音频素材属性的使用进行初始设置，如图 8-4 所示。

图 8-4

8.2 使用音轨混合器调节音频

Premiere Pro CC 大大加强了其处理音频的能力，功能更加专业化。"音轨混合器"窗口可以更加有效地调节节目的音频，如图 8-5 所示。

图 8-5

"音轨混合器"窗口可以实时混合"时间轴"窗口中各轨道的音频对象。用户可以在"音轨混合器"窗口中选择相应的音频控制器进行调节，该控制器调节其在"时间轴"窗口对应的音频对象。

8.2.1 认识"音轨混合器"窗口

"音轨混合器"窗口由若干个轨道音频控制器、主音频控制器和播放控制器组成，每个控制器使用控制按钮和调节滑杆调节音频。

1. 轨道音频控制器

"音轨混合器"中的轨道音频控制器用于调节其相对轨道上的音频对象，控制器 1 对应"音频 1"、控制器 2 对应"音频 2"，以此类推。轨道音频控制器的数目由"时间轴"窗口中的音频轨道数目决定，当在"时间轴"窗口中添加音频时，"音轨混合器"窗口中将自动添加一个轨道音频控制器与其对应。

轨道音频控制器由控制按钮、调节滑轮及调节滑杆组成。

- 控制按钮。轨道音频控制器中的控制按钮可以设置音频调节时的调节状态，如图 8-6 所示。
  - ➢ 单击"静音轨道"按钮 M ，该轨道音频设置为静音状态。
  - ➢ 单击"独奏轨道"按钮 S ，其他未选中独奏按钮的轨道音频会自动设置为静音状态。
  - ➢ 激活"启用轨道以进行录制"按钮 R ，可以利用输入设备将声音录制到目标轨道上。
- 声音调节滑轮。如果对象为双声道音频，可以使用声道调节滑轮调节播放声道。向左拖曳滑轮，输出到左声道（L），可以增加音量；向右拖曳滑轮，输出到右声道（R）并使音量增大，声道调节滑轮如图 8-7 所示。

图 8-6　　　　　　　　　　　图 8-7

- 音量调节滑杆。通过音量调节滑杆可以控制当前轨道音频对象的音量，Premiere Pro CC 以分贝数显示音量。向上拖曳滑杆，可以增加音量；向下拖曳滑杆，可以减小音量。下方数值栏中显示当前音量，用户也可直接在数值栏中输入声音分贝数。播放音频时，面板左侧为音量表，显示音频播放时的音量大小；音量表顶部的小方块显示系统所能处理的音量极限，当方块显示为红色时，表示该音频量超过极限，音量过大。音量调节滑杆如图 8-8 所示。

图 8-8

使用主音频控制器可以调节"时间轴"窗口中所有轨道上的音频对象。主音频控制器的使用方法与轨道音频控制器相同。

2. 播放控制器

播放控制器用于音频播放，使用方法与监视器窗口中的播放控制栏相同，如图 8-9 所示。

图 8-9

8.2.2 设置"音轨混合器"窗口

单击"音轨混合器"窗口右上方的按钮 ▾☰ ，在弹出的快捷菜单中对窗口进行相关设置，如图 8-10 所示。

● "显示/隐藏轨道"：该命令可以对"音轨混合器"窗口中的轨道进行隐藏或显示设置。选择该命令，在弹出的如图 8-11 所示的对话框中会显示左侧的 √ 图标的轨道。

图 8-10

图 8-11

● "显示音频时间单位"：该命令可以在时间标尺上以音频单位进行显示。
● "循环"：该命令在被选定的情况下，系统会循环播放音乐。

8.3 调节音频

"时间轴"窗口的每个音频轨道上都有音频淡化控制，用户可通过音频淡化器调节音频素材的电平。音频淡化器初始状态为中低音量，相当于录音机表中的 0 dB。

用户可以调节整个音频素材增益，同时保持为素材调制的电平稳定不变。

在 Premiere Pro CC 中，用户可以通过淡化器调节工具或者音轨混合器调制音频电平。在 Premiere Pro CC 中，对音频的调节分为"素材"调节和"轨道"调节。对素材调节时，音频的改变仅对当前的音频素材有效，删除素材后，调节效果就消失了；而轨道调节仅针对当前音频轨道进行调节，所有在当前音频轨道上的音频素材都会在调节范围内受到影响。使用实时记录的时候，则只能针对音频轨道进行调节。

在音频轨道控制面板左侧单击按钮 ◈ ，在弹出的列表中选择音频轨道的显示内容，如图 8-12 所示。

图 8-12

8.3.1 课堂案例——淡化音频

⊕ 案例学习目标

编辑音频的淡化。

⊕ 案例知识要点

使用"缩放"选项改变视频的大小；使用"显示轨道关键帧"选项制作音频的淡出与淡入。淡化音频效果如图 8-13 所示。

⊕ 效果所在位置

资源包/Ch08/淡化音频. prproj。

图 8-13

淡化音频

STEP ↘1 启动 Premiere Pro CC 软件，弹出"欢迎使用 Adobe Premiere Pro"欢迎界面，单击"新建项目"按钮 **Pr** 新建项目…，弹出"新建项目"对话框，设置"位置"选项，选择保存文件路径，在"名称"选项中输入文件名"淡化音频"，如图 8-14 所示，单击"确定"按钮。然后按<Ctrl>+<N>组合键，弹出"新建序列"对话框，在左侧的列表中展开"DV-PAL"选项，选中"标准 48kHz"模式，如图 8-15 所示，单击"确定"按钮。

图 8-14

图 8-15

STEP ↘2 选择"文件 > 导入"命令，弹出"导入"对话框，选择素材中的"Ch08\淡化音频\素材\ 01、02"文件，单击"打开"按钮，导入视频文件，如图 8-16 所示。导入后的文件将排列在"项目"面板中如图 8-17 所示。

图 8-16

图 8-17

STEP 3 在"项目"面板中选中"01"文件,并将其拖曳到"时间轴"窗口中的"视频 1"轨道中,如图 8-18 所示。将时间指示器放置在 7:00 s 的位置,在"视频 1"轨道上选中"01"文件,将鼠标放在"01"文件的尾部,当鼠标指针呈 状时,向后拖曳光标到 7:00 s 的位置上,如图 8-19 所示。选择"剪辑 > 取消链接"命令,取消视音频文件的链接,如图 8-20 所示。选取下方的音频文件,按<Delete>键删除音频,如图 8-21 所示。

图 8-18   图 8-19

图 8-20   图 8-21

STEP 4 选择"窗口 > 效果控件"命令,弹出"效果控件"面板,展开"运动"选项,将"缩放"选项设置为 165.0,如图 8-22 所示。在"节目"窗口中预览效果,如图 8-23 所示。

图 8-22   图 8-23

STEP 5 在"项目"面板中选中"02"文件,单击"播放–停止切换"按钮 ,可以翻放试听音频,如图 8-24 所示。在"项目"面板中选中"02"文件单击鼠标右键,在弹出的快捷菜单中选择"编辑子剪辑材"选项,如图 8-25 所示。

STEP 6 弹出"编辑子剪辑"对话框,将"开始"选项设置为 00:00:01:00000 s,"结束"选项设置为 00:00:08:00000 s,单击"确定"按钮,如图 8-26 所示。返回到"项目"面板中,可以看到音频文件的持续时间以改为 7 s,如图 8-27 所示。在"项目"面板中选中"02"文件并将其拖曳到"时间轴"窗口中的"音频 1"轨道中,如图 8-28 所示。

图 8-24

图 8-25

图 8-26

图 8-27

图 8-28

STEP 7 在"音频 1"轨道中的"02"文件前面的"显示关键帧"按钮 上单击，在弹出的菜单中选择"轨道关键帧"选项，如图 8-29 所示。将时间指示器放置在 1:09 s 的位置，单击"02"文件前面的"添加–移除关键帧"按钮 ，如图 8-30 所示，添加第 1 个关键帧。

图 8-29

图 8-30

STEP 8 将时间指示器放置在 2:04 s 的位置，单击"音频 1"轨道中的"02"文件前面的"添加–移除关键帧"按钮 ，如图 8-31 所示，添加第 2 个关键帧。将"02"文件中的关键帧移至最顶，如图 8-32 所示。

STEP 9 将时间指示器放置在 5:12 s 的位置，单击"音频 1"轨道中的"02"文件前面的"添加–移除关键帧"按钮 ，如图 8-33 所示，添加第 3 个关键帧。将"02"文件中的关键帧移至中间，如图 8-34 所示。

图 8-31

图 8-32

图 8-33

图 8-34

STEP 10 将时间指示器放置在 6:17 s 的位置，单击"音频 1"轨道中的"02"文件前面的"添加-移除关键帧"按钮 ◈，如图 8-35 所示，添加第 4 个关键帧。将"02"文件中的关键帧移至最底，如图 8-36 所示。音频的剪辑制作完成，如图 8-37 所示。

图 8-35　　　　　　　　　　图 8-36

图 8-37

8.3.2　使用淡化器调节音频

选择"显示素材卷"/"显示轨道卷"，可以分别调节素材/轨道的音量。

STEP 1 在默认情况下，音频轨道面板是折叠状态的。双击右侧的空白图标 □，展开轨道。

STEP 2 使用"钢笔"工具 ❧ 或"选择"工具 ▶ 拖曳音频素材（或轨道）上的白线即可调整音量，如图 8-38 所示。

STEP 3 按住<Ctrl>键的同时将鼠标指针移动到音频淡化器上，指针将变为带有加号的箭头，如图 8-39 所示。

STEP 4 单击添加一个关键帧，用户可以根据需要添加多个关键帧。单击并按住鼠标上下拖曳关键帧，关键帧之间的直线指示音频素材是淡入或者淡出，一条递增的直线表示音频淡入，另一条递减的直线表示音频淡出，如图 8-40 所示。

STEP 5 用鼠标右键单击素材，在弹出的快捷菜单中选择"音频增益"命令，在弹出的对话框中单击"标准化所有峰值为"选项，可以使音频素材自动匹配到最佳音量，如图 8-41 所示。

图 8-38

图 8-39

图 8-40

图 8-41

8.3.3 实时调节音频

使用 Premiere Pro CC 的"音轨混合器"窗口调节音量非常方便，用户可以在播放音频时实时进行音量调节。使用音轨混合器调节音频电平的方法如下。

STEP 1 在"时间轴"窗口轨道控制面板中选择"轨道:音量 > 轨道 > 音量"选项。

STEP 2 在"音轨混合器"窗口上方需要进行调节的轨道上单击"读取"下拉列表框，在下拉列表中进行设置，如图 8-42 所示。

"关"：选择该命令，系统会忽略当前音频轨道上的调节，仅按照默认设置播放。

"读取"：选择该命令，系统会读取当前音频轨上的调节效果，但是不能记录音频调节过程。

"闭锁"：当使用自动书写功能实时播放记录调节数据时，每调节一次，下一次调节时调节滑块在上一次调节点之后的位置，当单击停止按钮播放音频后，当前调节滑块会自动转为音频对象在进行当前编辑前的参数值。

"触动"：当使用自动书写功能实时播放记录调节数据时，每调节一次，下一次调节时调节滑块初始位置会自动转为音频对象在进行当前编辑前的参数值。

图 8-42

"写入"：当使用自动书写功能实时播放记录调节数据时，每调节一次，下一次调节时调节滑块在上一次调节后的位置。在音轨混合器中激活需要调节轨自动记录状态下，一般情况选择"写入"即可。

STEP 3 单击"播放-停止切换"按钮 ▶ ，"时间轴"窗口中的音频素材开始播放。拖曳音量控制滑杆进行调节，调节完成后，系统自动记录结果，如图 8-43 所示。

图 8-43

8.4　使用时间轴窗口合成音频

将所需要的音频导入到"项目"窗口后就可以对音频素材进行编辑,本节讲解对音频素材的编辑处理和各种操作方法。

8.4.1　课堂案例——声音的变调与变速

⊕ **案例学习目标**

改变音频的时间长度和声音播放速度。

⊕ **案例知识要点**

使用"剪辑速度/持续时间"命令编辑视频播放快慢效果;使用"平衡"命令调整音频的左右声道;使用"PitchShifter"(音调转换)命令调整音频的速度与音调。声音的变调与变速效果如图 8-44 所示。

⊕ **效果所在位置**

资源包/Ch08/声音的变调与变速. prproj。

图 8-44

声音的变调与变速

1. 分离音频文件

STEP 1 启动 Premiere Pro CC 软件,弹出"欢迎使用 Adobe Premiere Pro"界面,单击"新建项目"按钮 📄 新建项目…,弹出"新建项目"对话框,设置"位置"选项,选择保存文件路径,在"名称"文本框中输入文件名"声音的变调与变速",如图 8-45 所示。单击"确定"按钮,然后按<Ctrl>+<N>组合键,弹出"新建序列"对话框,在左侧的列表中展开"DV-PAL"选项,选中"标准 48kHz"模式,如图 8-46 所示,单击"确定"按钮。

图 8-45　　　　　　　　　　　　　　　　　　　　图 8-46

STEP 2 选择"文件 > 导入"命令，弹出"导入"对话框，选择资源包中的"Ch08/声音的变调与变速/素材/01、02、03 和 04"文件，单击"打开"按钮，导入图片，如图 8-47 所示。导入后的文件排列在"项目"面板中，如图 8-48 所示。

图 8-47　　　　　　　　　　　　　　　　　　　图 8-48

STEP 3 在"项目"面板中选中"01"文件并将其拖曳到"时间轴"窗口中的"视频 1"轨道中，如图 8-49 所示。选择"剪辑 > 取消链接"命令，取消视音频文件的链接。选取下方的音频文件，按 <Delete> 键删除音频，如图 8-50 所示。

图 8-49　　　　　　　　　　　　　　　图 8-50

STEP 4 在"项目"面板中选中"02"文件并将其拖曳到"时间轴"窗口中的"视频 1"轨道中，如图 8-51 所示。将时间指示器放置在 10:20 s 的位置，将鼠标放在"02"文件的尾部，当鼠标指针呈 ▐ 状时，向前拖曳光标到 10:20 s 的位置上，如图 8-52 所示。

图 8-51

图 8-52

STEP 5 在"项目"面板中分别选中"03""04"文件并将其拖曳到"时间轴"窗口中的"音频 1""音频 2"轨道中，如图 8-53 所示。在"时间轴"窗口中选中"04"文件。按<Ctrl>+<R>组合键弹出"剪辑速度/持续时间"对话框，将"速度"选项设置为 82%，如图 8-54 所示，单击"确定"按钮，在"时间轴"窗口中的显示如图 8-55 所示。

图 8-53

图 8-54

图 8-55

2. 制作音频特效

STEP 1 选择"窗口 > 效果"命令，弹出"效果"面板，单击"音频效果"选项前面的三角形按钮 ▷ 将其展开，选中"平衡"特效，如图 8-56 所示。将"平衡"特效拖曳到"时间轴"窗口中的"03"文件上，如图 8-57 所示。

图 8-56

图 8-57

STEP 2 选择"效果控件"面板，展开"平衡"特效，将"平衡"选项设置为 100.0，并设置为只有右声道有声音，如图 8-58 所示。选择"效果"面板，单击"音频效果"选项前面的三角形按钮 ▷ 将其展开，选中"平衡"效果，如图 8-59 所示。将"平衡"效果拖曳到"时间轴"窗口中的"04"文件上，如图 8-60 所示。选择"效果控件"面板，展开"平衡"效果，将"平衡"选项设置为−100.0，并设置为只有左声道有声音，如图 8-61 所示。

图 8-58

图 8-59

图 8-60

图 8-61

STEP 3 选择"效果"面板，单击"音频效果"选项前面的三角形按钮 ▷ 将其展开，选中"PitchShifter"效果，如图 8-62 所示。将"PitchShifter"效果拖曳到"时间轴"窗口中的"04"文件上，如图 8-63 所示。

图 8-62

图 8-63

STEP 4 选择"效果控件"面板，展开"PitchShifter"效果，单击"自定义设置"选项右侧的 编辑... 按钮，将"Pitch"选项设置为 5，其他设置如图 8-64 所示，声音的变调与变速制作完成，如图 8-65 所示。

图 8-64

图 8-65

8.4.2　调整音频持续时间和速度

与视频素材的编辑一样，在应用音频素材时，可以对其播放速度和时间长度进行修改设置，具体操作步骤如下。

STEP 1 选中要调整的音频素材，选择"剪辑 > 速度/持续时间"命令，弹出"剪辑速度/持续时间"对话框，在"持续时间"数值文本框中可以对音频素材的持续时间进行调整，如图 8-66 所示。

STEP 2 在"时间轴"窗口中直接拖曳音频的边缘，可改变音频轨上音频素材的长度。也可利用"剃刀"工具，将音频素材多余的部分切除掉，如图 8-67 所示。

图 8-66

图 8-67

8.4.3　音频增益

音频增益指的是音频信号的声调高低。当一个视频片段同时拥有几个音频素材时，就需要平衡这几个素材的增益，如果一个素材的音频信号太高或太低，就会严重影响播放时的音频效果。用户可通过以下步骤设置音频素材增益。

STEP 1 选择"时间轴"窗口中需要调整的素材，被选择的素材周围会出现黑色实线，如图 8-68 所示。

STEP 2 选择"素材 > 音频选项 > 音频增益"命令，弹出"音频增益"对话框，将鼠标指针移动到对话框的数值上，当指针变为手形标记时，单击并按住鼠标左键左右拖曳，增益值将被改变，如图 8-69 所示。

STEP 3 完成设置后，可以通过"源"窗口查看处理后的音频波形变化，播放修改后的音频素材，试听音频效果。

图 8-68　　　　　　　　　　　　　　　图 8-69

8.5 分离和链接视音频

在编辑工作中，经常需要将"时间轴"窗口中的视音频链接素材的视频和音频部分分离。用户可以完全打断或者暂时释放链接素材的链接关系并重新设置各部分。

Premiere Pro CC 中音频素材和视频素材有两种链接关系，硬链接和软链接。如果链接的视频和音频来自一个影片文件，它们是硬链接，"项目"窗口中只显示一个素材。硬链接是在素材输入 Premiere Pro CC 之前就建立的，在"时间轴"窗口中显示为相同的颜色，如图 8-70 所示。

软链接是在"时间轴"窗口建立的链接。用户可以在"时间轴"窗口为音频素材和视频素材建立软链接。软链接类似于硬链接，但链接的素材在"项目"窗口保持着各自的完整性，在序列中显示为不同的颜色，如图 8-71 所示。

图 8-70　　　　　　　　　　　　　　　图 8-71

如果要打断链接在一起的视音频，可在轨道上选择对象，单击鼠标右键，在弹出的快捷菜单中选择"取消链接"命令即可，如图 8-72 所示。被打断的视音频素材可以单独进行操作。

如果要把分离的视音频素材链接在一起作为一个整体进行操作，则只需要框选需要链接的视音频，单击鼠标右键，在弹出的快捷菜单中选择"链接"命令即可，如图 8-73 所示。

图 8-72　　　　　　　　　　　　　　　图 8-73

8.6 添加音频效果

Premiere Pro CC 提供了 20 种以上的音频效果，用户可以通过效果产生回声、合声以及去除噪声的效果，还可以使用扩展的插件得到更多的控制。

8.6.1 课堂案例——超重低音效果

案例学习目标

编辑音频的重低音。

案例知识要点

使用"缩放"选项改变文件大小；使用"色阶"命令调整图像亮度；使用"显示轨道关键帧"选项制作音频的淡出与淡入；使用"低通"命令制作音频低音效果。超重低音效果如图 8-74 所示。

效果所在位置

资源包/Ch08/超重低音效果. prproj。

图 8-74

超重低音效果

1. 调整视频文件亮度

STEP 1 启动 Premiere Pro CC 软件，弹出"欢迎使用 Adobe Premiere Pro"界面，单击"新建项目"按钮 新建项目... ，弹出"新建项目"对话框，设置"位置"选项，选择保存文件路径，在"名称"文本框中输入文件名"超重低音效果"，如图 8-75 所示。单击"确定"按钮，然后按<Ctrl>+<N>组合键，弹出"新建序列"对话框，在左侧的列表中展开"DV-PAL"选项，选中"标准 48kHz"模式，如图 8-76 所示，单击"确定"按钮。

图 8-75   图 8-76

STEP 2 选择"文件 > 导入"命令，弹出"导入"对话框，选择资源包中的"Ch08/超重低音效果/素材/01 和 02"文件，单击"打开"按钮，导入图片。导入后的文件排列在"项目"面板中。在"项目"

面板中选中"01"文件并将其拖曳到"时间轴"窗口中的"视频 1"轨道中，如图 8-77 所示。在"节目"窗口中预览效果，如图 8-78 所示。

图 8-77   图 8-78

STEP 3 选择"效果控件"面板，展开"运动"选项，将"位置"选项设置为 360.0 和 366.0，"缩放"选项设置为 200.0，如图 8-79 所示。在"节目"窗口中预览效果，如图 8-80 所示。

图 8-79   图 8-80

STEP 4 选择"窗口 > 工作区 > 效果"命令，弹出"效果"面板，展开"视频效果"选项，单击"调整"文件夹前面的三角形按钮▷将其展开，选中"色阶"特效将其拖曳到"时间轴"窗口中的"01"文件上。选择"效果控件"面板，展开"色阶"特效，将"（RGB）输入黑色阶"选项设置为 50，"（RGB）输入白色阶"选项设置为 196，其他设置如图 8-81 所示。在"节目"窗口中预览效果，如图 8-82 所示。

图 8-81   图 8-82

2. 制作音频超低音

STEP 1 在"项目"面板中选中"02"文件，单击鼠标右键，在弹出的快捷菜单中选择"覆盖"命令，将"02"音频文件插入"时间轴"窗口中的"音频 1"轨道中，如图 8-83 所示。将时间指示器放置在 7:19 s 的位置，在"音频 1"轨道上选中"02"文件，将鼠标放在"02"文件的尾部，当鼠标指针呈 ◄ 状时，向后拖曳光标到 7:19 s 的位置上，如图 8-84 所示。

图 8-83　　　　　　　　　　　　　　　图 8-84

STEP 2 将时间指示器放置在 0 s 的位置，在"时间轴"窗口中选中"02"文件，按<Ctrl>+<C>组合键复制"02"文件，单击"音频 1"轨道前面的"轨道锁定开关"按钮 ，锁定该轨道，如图 8-85 所示，然后单击"音频 2"轨道，按<Ctrl>+<V>组合键粘贴"02"文件到"音频 2"轨道中，如图 8-86 所示。取消"音频 1"轨道锁定。

图 8-85　　　　　　　　　　　　　　　图 8-86

STEP 3 在"音频 2"轨道上的"02"文件上单击鼠标右键，在弹出的快捷菜单中选择"重命名"命令，如图 8-87 所示。在弹出的"重命名剪辑"对话框中输入"低音效果"，单击"确定"按钮，如图 8-88 所示。

图 8-87　　　　　　　　　　　　　　　图 8-88

STEP 4 将时间指示器放置在 0 s 的位置，在"音频 1"轨道中的"02"文件前面的"显示关键帧"按钮 上单击，在弹出的列表中选择"轨道关键帧"选项，如图 8-89 所示。单击"02"文件前面的"添加－移除关键帧"按钮 ，添加第 1 个关键帧，并在"时间轴"窗口中将"02"文件中的关键帧移至最底层，如图 8-90 所示。

图 8-89　　　　　　　　　　　　图 8-90

STEP 5 将时间指示器放置在 1:24 s 的位置，单击"音频 1"轨道中的"02"文件前面的"添加
-移除关键帧"按钮 ◇ ，如图 8-91 所示，添加第 2 个关键帧。拖曳"02"文件中的关键帧移至顶层，如图
8-92 所示。

图 8-91　　　　　　　　　　　　图 8-92

STEP 6 将时间指示器放置在 5:24 s 的位置，单击"音频 1"轨道中的"02"文件前面的"添加
-移除关键帧"按钮 ◇ ，如图 8-93 所示，添加第 3 个关键帧。将时间指示器放置在 7:13 s 的位置，单击"音
频 1"轨道中的"02"文件前面的"添加-移除关键帧"按钮 ◇ ，将"02"文件中的关键帧移至最底层，如
图 8-94 所示，添加第 4 个关键帧。

图 8-93　　　　　　　　　　　　图 8-94

STEP 7 选择"窗口 > 工作区 > 效果"命令，弹出"效果"面板，单击"音频效果"选项文件
夹前面的三角形按钮 ▷ 将其展开，选中"低通"特效，如图 8-95 所示。将"低通"特效拖曳到"时间轴"
窗口中的"低音效果"文件上，如图 8-96 所示。

图 8-95　　　　　　　　　　　　图 8-96

STEP★8 选择"效果控件"面板，展开"低通"特效，将"屏蔽度"选项设置为 400.0 Hz，如图 8-97 所示。在"节目"窗口中预览效果，如图 8-98 所示。

图 8-97   图 8-98

STEP★9 选中"低音效果"文件，选择"剪辑 > 音频选项 > 音频增益"命令，弹出"音频增益"对话框，将"将增益设置为"选项设置为"15 dB"，单击"确定"按钮，如图 8-99 所示。选择"窗口 > 音轨混合器"命令，打开"音轨混合器"面板。播放试听最终音频效果时会看到"音频 2"轨道的电平显示，这个声道是低音频，可以看到低音的电平很强，而实际听到音频中的低音效果也非常丰满，如图 8-100 所示。

图 8-99

STEP★10 超重低音效果制作完成，如图 8-101 所示。

图 8-100   图 8-101

8.6.2　为素材添加效果

音频素材的效果添加方法与视频素材的效果添加方法相同，这里不再赘述。在"效果"窗口中展开"音频效果"设置栏，分别在不同的音频模式文件夹中选择音频效果进行设置即可，如图 8-102 所示。

在"音频过渡"设置栏下，Premiere Pro CC 还为音频素材提供了简单的切换方式，如图 8-103 所示。为音频素材添加切换的方法与视频素材相同。

图 8-102　　　　　　　　　　　图 8-103

8.6.3　设置轨道效果

除了可以对轨道上的音频素材设置外，还可以直接对音频轨道添加效果。首先在音轨混合器中展开目标轨道的效果设置栏 🎛️，单击右侧设置栏上的小三角，弹出音频效果下拉列表，如图 8-104 所示，选择需要使用的音频效果即可。用户可以在同一个音频轨道上添加多个效果并分别控制，如图 8-105 所示。

图 8-104　　　　　　　　　　　图 8-105

如果要调节轨道的音频效果，可以单击鼠标右键，在弹出的下拉列表中选择设置，如图 8-106 所示。在下拉列表中选择"编辑"命令，用户可以在弹出的效果设置对话框中进行更加详细的设置，图 8-107 所示为"模拟延迟"的详细调整窗口。

图 8-106　　　　　　　　　　　图 8-107

8.6.4 音频效果简介

在音频效果文件下包含如下音频效果。多功能延迟、多频段压缩器、多频段压缩器（旧版）、带通、Analog Delay、Chorus/ Flanger、Chorus、Convolution Reverb、DeClicker、DeCrackler、DeNoiser、Distortion、Dynamics、EQ、Flanger、Guitar Suite、Mastering、低通、低音、PitchShifter、Reverb、平衡、Single-band Compressor、Spectral Noise Reduction、Surround Reverb、Tube-modeled Compressor、Vocal Enhancer、静音、使用右声道、使用左声道、互换声道、参数均衡、反转、声道音量、延迟、消除齿音、消除齿音（旧版）、消除嗡嗡声、消除嗡嗡声（旧版）、消频、移相器、移相器（旧版）、雷达响度计、音量、高通和高音。

图 8-108

下面对常用的几种音频效果进行简单介绍。

1. 多功能延迟

该效果可以对素材中的原始音频添加最多 4 次回声，其设置面板如图 8-108 所示。

- "延迟 1~4"：设置原始声音的延长时间，最大值为 2s。
- "反馈 1~4"：设置有多少延时声音被反馈到原始声音中。
- "级别 1~4"：控制每一个回声的音量。
- "混合"：控制延迟和非延迟回声的量。

2. 多频段压缩器/多频段压缩器（旧版）

该效果是一种三频段压缩器，其中有对应每个频段的控件。当需要更柔和的声音压缩器时，可使用此效果代替"动力学"中的压缩器，其设置面板如图 8-109 所示。

- "自定义设置"：单击右侧的"编辑"按钮，弹出"剪辑效果编辑器"对话框，如图 8-110所示，自定义压缩器。

图 8-109

图 8-110

- "输出增益"：指定输出增益调整，以便补偿由压缩引起的增益增减。这有助于保留各增益设置的组合。
- "阈值 1~4"：指定输入信号必须超过才会调用压缩的电平（-60~0dB）。
- "比例 1~4"：指定压缩比例，最高为8:1。
- "触发 1~4"：指定压限器响应超过阈值的信号所需的时间（0.1~10ms）。
- "释放 1~4"：指定当信号降到低于阈值时增益恢复到原始电平所需的时间。

3. 带通

该效果移除在指定范围外发生的频率或频段。此效果适用于 5.1、立体声或单声道剪辑，其设置面板如图 8-111 所示。

- "中心"：指定位于指定范围中心的频率。
- "Q"：指定要保留的频段的宽度。低设置可创建宽频率范围，而高设置可创建窄频段。

图 8-111

4. Convolution Reverb

该效果通过模拟音频播放的声音，为音频剪辑添加气氛，其设置面板如图 8-112 所示。

- "自定义设置"：单击右侧的"编辑"按钮 编辑... ，弹出"剪辑效果编辑器"对话框，如图 8-113 所示。用户可以使用对话框中的控件或通过更改"各个参数"中的值来调整每个属性。

图 8-112

图 8-113

- "脉冲"：选择模拟播放的位置。
- "混合"：控制混响的量。
- "房间大小"：以百分比形式指定空间大小。
- "衰减低频"：指定低频的衰减量（以分贝为单位）。低频衰减可防止混响发出隆隆声或声音浑浊。
- "衰减高频"：指定高频的衰减量（以分贝为单位）。低设置使混响听起来更柔和。
- "预延迟"：指定信号与混响之间的时间。
- "宽度"：指定混响"尾音"的密度。
- "增益"：指定增加或减少频段的量。

5. DeCrackler

该效果从声源中消除爆破音，其设置面板如图 8-114 所示。

- "自定义设置"：单击右侧的"编辑"按钮 编辑... ，弹出"剪辑效果编辑器"对话框，如图 8-115 所示。用户可以使用对话框中的控件或通过更改"各个参数"中的值来调整每个属性。

图 8-114

图 8-115

- "Threshold"：确定爆破音的检测级别。
- "Reduction"：确定爆破音的降低量。
- "Audition"：此控件可以只听要消除的声音。

6. DeNoiser（降噪）

该效果可以自动探测录音带的噪声并消除它，也可以消除模拟录制（如磁带录制）的噪声。自定义设置 编辑... 面板如图 8-116 所示，其设置面板如图 8-117 所示。

图 8-116

图 8-117

- "Noisefloor"（噪声范围）：指定素材播放时的噪声基线（以 dB 为单位）。
- "Reduction"（减小量）：指定消除在 -20~0dB 范围内的噪声的数量。
- "Offset"（偏移）：设置自动消除噪声和用户指定的基线的偏移量。这个值限定在 -10~+10dB，当自动降噪不充分时，偏移允许附加的控制。
- "Freeze"（冻结）：将噪声基线停止在当前值，使用这个控制来确定素材消除的噪声。

7. Dynamics（编辑器）

该效果提供了一套可以组合或独立调节音频的控制器，既可以使用自定义设置 编辑... 视图的图线控制器，也可以在单独的参数视图中调整。图线控制器如图 8-118 所示，其设置面板如图 8-119 所示。

图 8-118

图 8-119

- "AutoGate"：当电平低于指定的极限时切断信号。用户可以使用此功能删除录制时不需要的背景信号，如画外音中的背景信号，也可以将开关设置成随话筒停止而关闭，这样就删除了所有其他的声音。液晶显示的颜色表示开关的状态。打开为绿色，释放为黄色，关闭为红色。有以下 4 个控制滑轮。
  - "Threshold"（极限）：指定输入信号打开开关必须超过的电平（–60~0 dB）。如果信号低于这个电平，开关是关闭的，输入的信号就是静音。
  - "Attack"（动手处理）：指定信号电平超过极限到开关打开需要的时间。
  - "Release"（释放）：设置信号低于极限后的开关关闭需要的时间，范围在 50~500 ms。
  - "Hold"（保持）：指定信号已经低于极限时开关保持开放的时间，范围在 0.1~1000 ms。
- "Compressor"（压缩器）：用于通过提高低声的电平和降低大声的电平，平衡动态范围以产生一个在素材整个时间内调和的电平，有以下 6 个控制项。
  - "Threshold"（极限）：设置必须调用压缩的信号电平极限，范围在–60~0 dB，低于这个极限的电平不受影响。
  - "Ratio"（比率）：设置压缩比率，最大到 8∶1。如比率为 5∶1，则输入电平增加 5 dB，输出只增加 1 dB。
  - "Attack"（动手处理）：设置信号超过界限时压缩反应的时间，范围在 0.1~100 ms。
  - "Release"（释放）：用于设置当导入的音频素材音量低于"Threshold"（极限）值之后，波门保持关闭的时间，其取值范围为 10~500 ms。
  - "Auto"（自动）：基于输入信号自动计算释放时间。

- ➢ "MakeUp"（补充）：调节压缩器的输出电平以解决压缩造成的损失，范围为–6~0 dB。
- "Expander"（放大器）：用于降低所有低于指定极限的信号到设置的比率。计算结果与开关控制相像，但更敏感，有以下控制项。
  - ➢ "Threshold"（极限）：指定信号可以激活放大器的电平极限，超过极限的电平不受影响。
  - ➢ "Ratio"（比率）：设置信号放大的比率，最大到 5:1。如比率为 5:1，而一个电平减小量为 1dB，会放大成 5 dB，结果就会导致信号更快速地减小。
- "Limiter"（限制器）：还原包含信号峰值的音频素材中的裁减。例如，在一个音频素材中，界定峰值为超过 0 dB，那么这个音频的全部电平不得不降低在 0 dB 以下，以避免裁减。可以使用的控制项如下。
  - ➢ "Threshold"（极限）：指定信号的最高电平，范围为–12~0 dB。所有超过极限的信号将被还原成与极限相同的电平。
  - ➢ "Release"（释放）：指定素材出现后增益返回正常电平需要的时间，范围为 10~500 ms。
- "Soft Clip"：与"Limiter"相似，但不是用硬性限制，这个控制赋予某些信号一个边缘，可以将它们更好地定义在全面的混合中。

8. EQ（均衡）

该效果类似于一个变量均衡器，可以使用多频段来控制频率、宽带以及电平，具体设置如图 8-120 和图 8-121 所示。

- "Frequency"（频率）：用于设置增大或减小波段的数量，范围为 20~2000 Hz。
- "Gain"（增益）：指定增大或减小的波段数量，范围为–20~+20 dB。
- "Q"：指定每一个过滤器波段的宽度，范围为 0.05~5.0 个八度音阶。
- "Out Put"（输出）：指定对 EQ 输出增益增加或减少频段补偿的增益量。

图 8-120

图 8-121

9. Flanger

该效果通过以特定或随机间隔略微对信号进行延迟和相位调整，其设置面板如图 8-122 所示。

- "自定义设置"：单击右侧的"编辑"按钮 编辑... ，弹出"剪辑效果编辑器"对话框，如图 8-123 所示。用户可以使用对话框中的控件或通过更改"各个参数"中的值来调整每个属性。

图 8-122

图 8-123

- "Lfo Type"：指定低频振荡器的波形类型。
- "Rate"：指定低频振荡器的速度。
- "Depth"：确定调制波形的增益级，从而控制效果的深度。
- "Mix"：调整原始信号（干）和镶边信号（湿）的混合。
- "FeedBack"：确定反馈回镶边器的镶边信号的百分比。
- "Delay"：设置位于原始信号后面的镶边起点，以毫秒为单位。

10. 高通/低通

"高通"效果用于删除低于指定频率界限的频率，而"低通"效果则用于删除高于指定频率界限的频率。

11. 低音

该效果可以对素材音频中的重音部分进行处理，可以增强也可以减弱重音部分，同时不影响其他音频部分，其设置面板如图 8-124 所示。该效果仅处理 200 Hz 以下的频率。

12. PitchShifter（音调转换）

利用该效果可以以半音为单位调整音高。用户可以在带有图形按钮的"自定义设置"选项 编辑... 中调节各参数，也可以在"单独参数"选项中通过调整各参数选项值来进行调整，如图 8-125 和图 8-126 所示。

- "Pitch"（音高）：指定半音过程中定调的变化，调整范围为 −12~+12 dB。
- "FineTune"（微调）：确定定调参数的半音格之间的微调。
- "FormantPreserve"（保留共振峰）：保护音频素材的共振峰免受影响。例如，当增加一个高音的定调时，使用这项控制可以保护它不会变样。

图 8-124

图 8-125   图 8-126

13. Reverb（混响）

该效果可以为一个音频素材增加气氛，模仿室内播放音频的声音。用户可以使用自定义设置视图中的 编辑... 图形控制器来调整各个属性，也可以在个别的参数视图中进行调整。自定义设置如图 8-127 所示，单独参数设置如图 8-128 所示。

- "Pre Delay"（预延迟）：指定信号与回响之间的时间。这项设置是与声音传播到墙壁然后再反射到现场听众的距离相关联的。
- "Absorption"（吸收）：指定声音被吸收的百分比。
- "Size"（大小）：指定空间大小的百分比。
- "Density"（密度）：指定回响"拖尾"的密度。"Size"（大小）的值用来确定可以设置密度的范围。
- "Lo Damp"（低阻尼）：指定低频的衰减（以 dB 为单位）。衰减低频可以防止嗡嗡声造成的回响。
- "Hi Damp"（高阻尼）：指定高频衰减，低的设置可以使回响的声音柔和。
- "Mix"（混音）：控制回响的力量。

图 8-127   图 8-128

14. 平衡

该效果允许控制左、右声道的相对音量，正值增大右声道的音量，负值增大左声道的音量。

15. 使用左声道/使用右声道

这两个效果主要是使声音回放在左（右）声道中进行，即使用右（左）声道的声音来代替左（右）声道的声音，而左（右）声道原来信息将被删除。

16. 互换声道

该效果可以交换左右声道信息的布置。

17. 参数均衡

该效果可以增大或减小与指定中心频率接近的频率，其设置面板如图 8-129 所示。

● "中心"：指定特定范围的中心频率。

● "Q"：指定受影响的频率范围。低设置产生宽的波段，而高设置产生一个窄的波段。调整频率的量以 dB 为单位。如果使用"放大"参数，则用来指定调整带宽。

● "提升"：指定增大或减小频率范围的量，范围为−24~+24 dB。

18. 反转

该效果用于将所有声道的状态进行反转。

19. 声道音量

该效果允许单独控制素材或轨道立体声或 5.1 环绕中每一个声道的音量。每一个声音的电平以 dB 计量，其设置面板如图 8-130 所示。

图 8-129

图 8-130

20. 延迟

该效果可以添加音频素材的回声，其设置面板如图 8-131 所示。

● "延迟"：指定回声播放延迟的时间，最大值为 2 s。

● "反馈"：指定延迟信号反馈叠加的百分比。

● "混合"：控制回声的数量。

21. 消除齿音/消除齿音（旧版）

该效果消除齿音和其他高频 "SSS" 类型的声音，这类声音通常是在解说员或歌手发出字母 "s" 和 "t" 的读音时产生。此效果适用于 5.1、立体声或单声道剪辑。

图 8-131

22. 消除嗡嗡声/消除嗡嗡声（旧版）

该效果从音频中消除不需要的 50 Hz/60 Hz 嗡嗡声。此效果适用于 5.1、立体声或单声道剪辑。

23. 消频

该效果的作用是删除超出指定范围或波段的频率，其设置面板如图 8-132 所示。

- "中心"：指针波段中心的频率。
- "Q"：指定要保留的频段的宽度，低的设置产生宽的频段，而高的设置产生窄的频段。

24. 移相器/移相器（旧版）

该效果接受输入信号的一部分，使相位移动一个变化的角度，然后将其混合回原始信号。

图 8-132

25. 音量

该效果可以提高音频电平而不被修剪，只有当信号超过硬件允许的动态范围时才会出现修剪，这是往往导致失真的音频。

26. 高音

该效果允许增大或减小高频（4000 Hz 和更高）。

8.7　课堂练习——音频的剪辑

练习知识要点

使用"缩放"选项改变视频的大小；使用"显示轨道关键帧"选项制作音频的淡出与淡入。音频的剪辑效果如图 8-133 所示。

效果所在位置

资源包/Ch08/音频的剪辑. prproj。

图 8-133

音频的剪辑

8.8 课后习题——音频的调节

习题知识要点

使用"缩放"选项改变图像或视频文件的大小；使用"自动颜色"命令自动调整图像中的颜色；使用"色阶"命令调整图像的亮度与对比度；使用"通道混合"命令调整多个通道之间的颜色；使用"剃刀"工具分割文件；使用"音轨混合器"面板调整音频。音频的调节效果如图 8-134 所示。

效果所在位置

资源包/Ch08/音频的调节. prproj。

图 8-134

音频的调节

9

第 9 章
文件输出

　　本章主要讲解 Premiere Pro CC 与节目最终输出有关的编码器、输出的节目类型与格式以及相关的参数设置。通过对本章的学习，读者可以掌握渲染输出的方法和技巧。

课堂学习目标

- 了解软件的输出格式和影片预演

- 掌握输出参数的设置方法

- 掌握渲染输出各种格式文件的方法

9.1 Premiere Pro CC 可输出的文件格式

在 Premiere Pro CC 中，可以输出多种文件格式，包括视频格式、音频格式、静态图像和序列图像等，下面进行详细讲解。

9.1.1 Premiere Pro CC 可输出的视频格式

在 Premiere Pro CC 中可以输出多种视频格式，常用的有以下几种。

- AVI：AVI 是 Audio Video Interleaved 的缩写，是 Windows 操作系统中使用的视频文件格式，它的优点是兼容性好、图像质量好、调用方便，缺点是文件尺寸较大。
- Animated GIF：GIF 是动画格式的文件，可以显示视频运动画面，但不包含音频部分。
- Fic/Fli：支持系统的静态画面或动画。
- Filmstrip：电影胶片（也称为幻灯片影片），但不包括音频部分。该类文件可以通过 Photoshop 等软件进行画面效果处理，然后再导入到 Premiere Pro CC 中进行编辑输出。
- QuickTime：用于 Windows 和 Mac OS 系统上的视频文件，适合于网上下载。该文件格式是由 Apple 公司开发的。
- DVD：DVD 是使用 DVD 刻录机及 DVD 空白资源包刻录而成的。
- DV：DV 全称是 Digital Video，是新一代数字录像带的规格，它具有体积小、时间长的优点。

9.1.2 Premiere Pro CC 可输出的音频格式

在 Premiere Pro CC 中可以输出多种音频格式，其主要输出的音频格式有以下几种。

- WAV：WAV 全称是 Windows Media Audio，它是一种压缩的离散文件或流式文件，采用的压缩技术与 MP3 压缩原理近似，但并不削减大量的编码。WMA 最主要的优点是可以在较低的采样率下压缩出近于 CD 音质的音乐。
- MPEG（动态图像专家组）：创建于 1988 年，专门负责为 CD 建立视频和音频等相关标准。
- MP3：MP3 是 MPEG Audio Layer3 的简称，它能够以高音质、低采样率对数字音频文件进行压缩。

此外，Premiere Pro CC 还可以输出 DV AVI、Real Media 和 QuickTime 格式的音频。

9.1.3 Premiere Pro CC 可输出的图像格式

在 Premiere Pro CC 中可以输出多种图像格式，其主要输出的图像格式有以下几种。

- 静态图像格式：Film Strip、FLC/FLI、Targa、TIFF 和 Windows Bitmap。
- 序列图像格式：GIF Sequence、Targa Sequence 和 Windows Bitmap Sequence。

9.2 影片项目的预演

影片预演是视频编辑过程中对编辑效果进行检查的重要手段，它实际上也属于编辑工作的一部分。影片预演分为两种，一种是实时预演，另一种是生成预演，下面分别进行讲解。

9.2.1 影片实时预演

实时预演，也称为实时预览，即平时所说的预览。进行影片实时预演的具体操作步骤如下。

STEP 1 影片编辑制作完成后，在"时间线"面板中将时间标记移动到需要预演的片段开始位置，如图 9-1 所示。

STEP 2 在"节目"监视器窗口中单击"播放–停止切换（Space）"按钮 ▶ ，系统开始播放节目，即可在"节目"监视器窗口中预览节目的最终效果，如图 9-2 所示。

图 9-1　　　　　　　　　　　　　　　　　图 9-2

9.2.2　生成影片预演

与实时预演不同的是，生成影片预演不是使用显卡对画面进行实时演染，而是计算机的 CPU 对画面进行运算，先生成预演文件，然后再播放。因此，生成影片预演取决于计算机 CPU 的运算能力。生成预演播放的画面是平滑的，不会产生停顿或跳跃，所表现出来的画面效果和渲染输出的效果是完全一致的。生成影片预演的具体操作步骤如下。

STEP 1 影片编辑制作完成以后，在适当的位置标记入点和出点，以确定要生成影片预演的范围，如图 9-3 所示。

STEP 2 选择"序列 > 渲染入点到出点的效果"命令，系统将开始进行渲染，并弹出"渲染"对话框显示渲染进度，如图 9-4 所示。

图 9-3　　　　　　　　　　　　　　　　　图 9-4

STEP 3 在"渲染"对话框中单击"渲染详细信息"选项前面的按钮 ▶ ，展开此选项区域，可以查看渲染的时间和磁盘剩余空间等信息，如图 9-5 所示。

STEP⟦4⟧ 渲染结束后，系统会自动播放该片段，在"时间线"面板中，预演部分将会显示绿色线条，其他部分则保持为红色线条，如图 9-6 所示。

图 9-5

图 9-6

STEP⟦5⟧ 如果用户先设置了预演文件的保存路径，就可在计算机的硬盘中找到预演生成的临时文件，如图 9-7 所示。双击该文件，则可以脱离 Premiere Pro CC 程序进行播放，如图 9-8 所示。

图 9-7

图 9-8

生成的预演文件可以重复使用，用户下一次预演该片段时会自动使用该预演文件。在关闭该项目文件时，如果不进行保存，预演生成的临时文件会自动删除；如果用户在修改预演区域片段后再次预演，就会重新渲染并生成新的预演临时文件。

9.3 输出参数的设置

在 Premiere Pro CC 中，既可以将影片输出为用于电影或电视中播放的录像带，也可以输出为通过网络传输的网络流媒体格式，还可以输出为可以制作 VCD 或 DVD 资源包的 AVI 文件等。但无论输出的是何种类型，在输出文件之前，都必须合理地设置相关的输出参数，使输出的影片达到理想的效果。本节以输出 AVI 格式为例，介绍输出前的参数设置方法，其他格式类型的输出设置与此类型基本相同。

9.3.1 输出选项

影片制作完成后即可输出，在输出影片之前，可以设置一些基本参数，其具体操作步骤如下。

STEP 1 在"时间线"窗口选择需要输出的视频序列，然后选择"文件 > 导出 > 媒体"命令，在弹出的对话框中进行设置，如图 9-9 所示。

图 9-9

STEP 2 在对话框右侧的选项区域中设置文件的格式以及输出区域等选项。

1．文件类型

用户可以将输出的数字电影设置为不同的格式，以便适应不同的需要。在"格式"选项的下拉列表中，可以输出的媒体格式如图 9-10 所示。

在 Premiere Pro CC 中默认的输出文件类型或格式主要有以下几种。

● 如果要输出为基于 Windows 操作系统的数字电影，则选择"Microsoft AVI"（Windows 格式的视频格式）选项。

● 如果要输出为基于 Mac OS 操作系统的数字电影，则选择"QuickTime"（MAC 视频格式）选项。

● 如果要输出 GIF 动画，则选择"Animated GIF"选项，即输出的文件连续存储了视频的每一帧，这种格式支持在网页上以动画形式显示，但不支持声音播放。若选择"GIF"选项，则只能输出为单帧的静态图像序列。

● 如果只是输出为 WAV 格式的影片声音文件，则选择"Windows Waveform"选项。

2．输出视频

勾选"导出视频"复选框，可输出整个编辑项目的视频部分；若取消选择，则不能输出视频部分。

3．输出音频

勾选"导出音频"复选框，可输出整个编辑项目的音频部分；若取消选择，则不能输出音频部分。

图 9-10

9.3.2 "视频"选项区域

在"视频"选项区域中，用户可以为输出的视频指定使用的格式、品质及影片尺寸等相关的选项参数，如图 9-11 所示。

图 9-11

"视频"选项区域中各主要选项含义如下。

- "视频编解码器"：通常视频文件的数据量很大，为了减少所占的磁盘空间，在输出时可以对文件进行压缩。在该选项的下拉列表中选择需要的压缩方式，如图 9-12 所示。
- "质量"：设置影片的压缩品质，通过拖动品质的百分比来设置。

- "宽度" / "高度"：设置影片的尺寸。我国使用 PAL 制，选择 720×576。
- "帧速率"：设置每秒播放画面的帧数，提高帧速度会使画面播放得更流畅。如果将文件类型设置为 Microsoft DV AVI，那么 DV PAL 对应的帧速是固定的 29.97 和 25；如果将文件类型设置为 Microsoft AVI，那么帧速可以选择 1～60 的数值。
- "场序"：设置影片的场扫描方式，有上场、下场和无场 3 种方式。
- "长宽比"：设置视频制式的画面比。单击该选项右侧的按钮，在弹出的下拉列表中选择需要的选项，如图 9-13 所示。

图 9-12

图 9-13

9.3.3　"音频"选项区域

在"音频"选项区域中，可以为输出的音频指定使用的压缩方式、采样速率以及量化指标等相关的选项参数，如图 9-14 所示。

图 9-14

- "音频"选项区域中各主要选项含义如下。
- "音频编解码器"：为输出的音频选项选择合适的压缩方式进行压缩。Premiere Pro CC 默认的选项是"无压缩"。
- "采样率"：设置输出节目音频时所使用的采样速率，如图 9-15 所示。采样速率越高，播放质量越好，但所需的磁盘空间越大，占用的处理时间越长。
- "样本大小"：设置输出节目音频时所使用的声音量化倍数，最高要提供 32 位。一般，要获得较好的音频质量就要使用较高的量化位数，如图 9-16 所示。
- "声道"：在该选项的下拉列表中可以为音频选择单声道或立体声。

图 9-15   图 9-16

9.4 渲染输出各种格式文件

Premiere Pro CC 可以渲染输出多种格式文件，从而使视频剪辑更加方便灵活。本节重点介绍各种常用格式文件渲染输出的方法。

9.4.1 输出单帧图像

在视频编辑中，可以将画面的某一帧输出，以便给视频动画制作定格效果。Premiere Pro CC 中输出单帧图像的具体操作步骤如下。

STEP 1 在 Premiere Pro CC 的时间线上添加一段视频文件，选择"文件 > 导出 > 媒体"命令，弹出"导出设置"对话框。在"格式"选项的下拉列表中选择"TIFF"选项，在"输出名称"文本框中输入文件名并设置文件的保存路径，勾选"导出视频"复选框，其他参数保持默认状态，如图 9-17 所示。

图 9-17

STEP 2 单击"队列"按钮，打开"Adobe Media Encoder"窗口，单击右侧的"启动队列"按

钮 ▶ 渲染输出视频，如图 9-18 所示。输出单帧图像时，最关键的是时间指针的定位，它决定了单帧输出时的图像内容。

图 9-18

9.4.2　输出音频文件

Premiere Pro CC 可以将影片中的一段声音或影片中的歌曲制作成音乐资源包等文件。输出音频文件的具体操作步骤如下。

STEP 1 在 Premiere Pro CC 的时间线上添加一个有声音的视频文件或打开一个有声音的项目文件，选择"文件 > 导出 > 媒体"命令，弹出"导出设置"对话框。在"格式"选项的下拉列表中选择"MP3"选项，在"预设"选项的下拉列表中选择"MP3 128 kbps"选项，在"输出名称"文本框中输入文件名并设置文件的保存路径，勾选"导出音频"复选框，其他参数保持默认状态，如图 9-19 所示。

图 9-19

STEP 2 单击"队列"按钮，打开"Adobe Media Encoder"窗口，单击右侧的"启动队列"按钮 ▶ 渲染输出音频。

9.4.3 输出整个影片

输出影片是最常用的输出方式，将编辑完成的项目文件以视频格式输出，可以输出编辑内容的全部或者某一部分，也可以只输出视频内容或者只输出音频内容，一般将全部的视频和音频一起输出。

下面以 Microsoft AVI 格式为例介绍输出影片的方法，其具体操作步骤如下。

STEP 1 选择"文件 > 导出 > 媒体"命令，弹出"导出设置"对话框。

STEP 2 在"格式"选项的下拉列表中选择"AVI"选项。

STEP 3 在"预设"选项的下拉列表中选择"PAL DV"选项，如图 9-20 所示。

图 9-20

STEP 4 在"输出名称"文本框中输入文件名并设置文件的保存路径，勾选"导出视频"复选框和"导出音频"复选框。

STEP 5 设置完成后，单击"队列"按钮，打开"Adobe Media Encoder"窗口，单击右侧的"启动队列"按钮 ▶ 渲染输出视频，渲染完成后，即可生成所设置的 AVI 格式影片。

9.4.4 输出静态图片序列

在 Premiere Pro CC 中，用户可以将视频输出为静态图片序列，也就是说将视频画面的每一帧都输出为一张静态图片，这一系列图片中每张都具有一个自动编号。这些输出的序列图片可用于 3D 软件中的动态贴图，并且可以移动和存储。

输出图片序列的具体操作步骤如下。

STEP 1 在 Premiere Pro CC 的时间线上添加一段视频文件，设定只输出视频的一部分内容，如图 9-21 所示。

图 9-21

STEP 2 选择"文件 > 导出 > 媒体"命令，弹出"导出设置"对话框，在"格式"选项的下拉列表中选择"TIFF"，"预设"选项自动变化为"PAL DV 序列"，在"输出名称"文本框中输入文件名并设置文件的保存路径，勾选"导出视频"复选框，在"视频"扩展参数面板中必须勾选"导出为序列"复选框，其他参数保持默认状态，如图 9-22 所示。

图 9-22

STEP 3 单击"队列"按钮，打开"Adobe Media Encoder"窗口，单击右侧的"启动队列"按钮 ▶ 渲染输出视频。输出完成后的形成静态序列图片文件。

第 10 章
综合案例实训

本章通过两个影视综合案例的制作，进一步讲解 Premiere 的功能特色和使用技巧，让读者能够快速地掌握软件功能和知识要点，制作出变化丰富的多媒体效果。

课堂学习目标

- 掌握软件基础知识的使用方法
- 了解软件的常用设计领域
- 掌握软件在不同设计领域的使用技巧

10.1 制作体育赛事集锦

10.1.1 案例分析

使用"缩放"选项改变视频的大小；使用"剪辑速度/持续时间"命令调整视频的播放速度；使用"字幕编辑面板"添加注释文字；使用"视频过渡"效果面板为视频添加过渡效果；使用"新建颜色遮罩"命令添加白色遮罩背景；使用"添加轨道"命令添加需要的视频轨道。

10.1.2 案例设计

本案例设计如图 10-1 所示。

图 10-1

10.1.3 案例制作

1. 制作节目片头

STEP　1 启动 Premiere Pro CC 软件，弹出"欢迎使用 Adobe Premiere Pro"欢迎界面，单击"新建项目"按钮 新建项目…，弹出"新建项目"对话框，设置"位置"选项，选择保存文件路径，在"名称"选项中输入文件名"体育赛事集锦"，如图 10-2 所示，单击"确定"按钮。然后按<Ctrl>+<N>组合键，弹出"新建序列"对话框，在左侧的列表中展开"DV-PAL"选项，选中"标准 48kHz"模式，如图 10-3 所示，单击"确定"按钮。

制作体育赛事集锦 1

图 10-2

图 10-3

STEP2 选择"文件 > 导入"命令，弹出"导入"对话框，选择素材中的"Ch09/制作体育赛事集锦/素材/01~21"文件，单击"打开"按钮，导入视频文件，如图 10-4 所示。导入后的文件将排列在"项目"面板中，如图 10-5 所示。

图 10-4

图 10-5

STEP3 在"项目"面板中选中"01"文件，并将其拖曳到"时间轴"窗口中的"视频 1"轨道中，如图 10-6 所示。选取"视频 1"轨道中的"01"文件，选择"效果控件"面板，展开"运动"选项，将"缩放"选项设置为 120.0，如图 10-7 所示。在"节目"窗口中预览效果，如图 10-8 所示。

STEP4 选择"文件 > 新建 > 字幕"命令，弹出"新建字幕"对话框，如图 10-9 所示。单击"确定"按钮，弹出字幕编辑面板。选择"文字"工具 **T**，在字幕工作区中输入需要的文字，在"字幕属性栏"中选择需要的字体和文字大小，其他设置如图 10-10 所示。在"字幕属性"面板中，将"倾斜"选项设为 10.0，其他设置如图 10-11 所示。

图 10-6

图 10-7

图 10-8

图 10-9

图 10-10

图 10-11

STEP 5 在"项目"面板中选中"字幕 01"文件,并将其拖曳到"时间轴"窗口中的"视频 2"轨道中,如图 10-12 所示。将时间指示器放置在 7:00s 的位置,将鼠标指针放在"字幕 01"文件的结束位置,当鼠标指针呈 状时,向后拖曳光标到 7:00s 的位置上,如图 10-13 所示。

图 10-12   图 10-13

2. 添加赛事集锦

STEP 1 将时间指示器放置在 6:00s 的位置,在"项目"面板中选中"02"文件并将其拖曳到"时间轴"窗口中的"视频 3"轨道中,如图 10-14 所示。选中"02"文件,选择"剪辑 > 速度/持续时间"命令,弹出对话框,设置如图 10-15 所示,单击"确定"按钮。

制作体育赛事集锦 2

图 10-14

图 10-15

STEP 2 "时间轴"面板如图 10-16 所示。在"项目"面板中选中"03"文件并将其拖曳到"时间轴"窗口中的"视频 3"轨道中，如图 10-17 所示。选中"03"文件，选择"剪辑 > 速度/持续时间"命令，弹出对话框，设置如图 10-18 所示，单击"确定"按钮，如图 10-19 所示。用相同方法添加其他赛事集锦并剪辑到适当的位置，分别编辑剪辑速度/持续时间，如图 10-20 所示。

图 10-16

图 10-17

图 10-18

图 10-19

图 10-20

STEP 3 选择"窗口 > 工作区 > 效果"命令，弹出"效果"面板，展开"视频过渡"特效分类选项，单击"溶解"文件夹前面的三角形按钮 ▶ 将其展开，选中"交叉溶解"特效，如图 10-21 所示。将"交叉溶解"特效拖曳到"时间轴"窗口中的"02"文件的开始位置，如图 10-22 所示。

图 10-21

图 10-22

STEP 4 选择"窗口 > 工作区 > 效果"命令，弹出"效果"面板，展开"视频过渡"特效分类选项，单击"擦除"文件夹前面的三角形按钮 ▶ 将其展开，选中"百叶窗"特效，如图 10-23 所示。将"百叶窗"特效拖曳到"时间轴"窗口中的"03"文件的结尾处与"04"文件的开始位置，如图 10-24 所示。用相同的方法在适当的位置添加需要的视频过渡，如图 10-25 所示。

图 10-23

图 10-24

图 10-25

STEP 5 选择"文件 > 新建 > 颜色遮罩"命令，弹出"新建颜色遮罩"对话框，如图 10-26 所示。单击"确定"按钮，弹出"拾色器"对话框，设置遮罩颜色为白色，如图 10-27 所示。单击"确定"按钮，弹出"选择名称"对话框，输入"白底"，如图 10-28 所示。单击"确定"按钮，在"项目"面板中添加一个"白底"层，如图 10-29 所示。

图 10-26

图 10-27	图 10-28	图 10-29

STEP⬇6 在"项目"面板中选中"白底"文件，并将其拖曳到"时间轴"窗口中的"视频 3"轨道中，如图 10-30 所示。将时间指示器放置在 1:10:00 s 的位置，将鼠标指针放在"白底"文件结束位置，当鼠标指针呈◀状时，向前拖曳光标到 1:10:00 s 的位置上，如图 10-31 所示。

图 10-30	图 10-31

3. 添加注释文字

STEP⬇1 选择"序列 > 添加轨道"命令，弹出"添加轨道"对话框，设置如图 10-32 所示，单击"确定"按钮添加轨道，如图 10-33 所示。

STEP⬇2 选择"文件 > 新建 > 字幕"命令，弹出"新建字幕"对话框，如图 10-34 所示。单击"确定"按钮，弹出字幕编辑面板。选择"文字"工具 **T**，在字幕工作区中输入需要的文字，在"字幕属性栏"中选择需要的字体和文字大小，其他设置如图 10-35 所示。在"字幕属性"面板中，将"倾斜"选项设为 10.0，其他设置如图 10-36 所示，将填充颜色为白色，添加文字阴影，设置如图 10-37 所示，文字效果如图 10-38 所示。在"项目"面板中生成字幕 02 文件。

制作体育赛事集锦 3

图 10-32	图 10-33

图 10-34

图 10-35

图 10-36

图 10-37

图 10-38

STEP 3 在"项目"面板中选中"字幕 02"文件，按<Ctrl>+<C>组合键复制文件，连续按<Ctrl>+<V>组合键粘贴文件。分别修改字幕名称，如图 10-39 所示。双击"字幕 03"文件，打开字幕编辑面板，修改内容文字，如图 10-40 所示。用相同的方法修改其他文字。

图 10-39

图 10-40

STEP 4 将时间指示器放置在 7:00 s 的位置，在"项目"面板中选中"字幕 02"文件并将其拖曳到"时间轴"窗口中的"视频 4"轨道中，如图 10-41 所示。将鼠标指针放在"字幕 02"文件的结束位置，当鼠标指针呈 ◄ 状时，向前拖曳光标到与"02"文件相同的位置上，如图 10-42 所示。用相同的方法在"时间轴"面板中添加其他文字并进行调整，效果如图 10-43 所示。

图 10-41

图 10-42

图 10-43

4. 添加装饰图形

STEP 1 在"项目"面板中选中"20"文件并将其拖曳到"时间轴"窗口中的"视频 5"轨道中，如图 10-44 所示。选中"20"文件，选择"剪辑 > 速度/持续时间"命令，弹出对话框，设置如图 10-45 所示，单击"确定"按钮，如图 10-46 所示。

图 10-44

图 10-45

图 10-46

STEP 2 选择"效果控件"面板，展开"运动"选项，将"缩放"选项设置为 120.0，如图 10-47 所示。在"节目"窗口中预览效果，如图 10-48 所示。

STEP 3 将时间指示器放置在 49:15 s 的位置，在"项目"面板中选中"21"文件并将其拖曳到"时间轴"窗口中的"视频 5"轨道中，如图 10-49 所示。将鼠标指针放在"21"文件的结束位置，当鼠标指针呈 ◄ 状时，向前拖曳光标到与"字幕 13"文件相同的位置上，如图 10-50 所示。

图 10-47   图 10-48

图 10-49   图 10-50

STEP4 将时间指示器放置在 1:07:04s 的位置，在"项目"面板中选中"18"文件并将其拖曳到"时间轴"窗口中的"视频 5"轨道中，如图 10-51 所示。选中"18"文件，选择"效果控件"面板，展开"运动"选项，将"缩放"选项设置为 110.0，如图 10-52 所示。在"节目"窗口中预览效果，如图 10-53 所示。

图 10-51

图 10-52

图 10-53

5. 制作片尾和音频

STEP1 选择"文件 > 新建 > 字幕"命令，弹出"新建字幕"对话框，如图 10-54 所示。单击"确定"按钮，弹出字幕编辑面板。选择"文字"工具 **T**，在字幕工作区中输入需要的文字，在"字幕属性栏"中选择需要的字体和文字大小，其他设置如图 10-55 所示。在"字幕属性"面板中，将"倾斜"选项设为 10.0，填充颜色设置为蓝色（其 R、G、B 的值分别为 12、62、176），其他设置如图 10-56 所示。关闭

制作体育赛事集锦 4

字幕编辑面板，新建的字幕文件自动保存到"项目"窗口中。

图 10-54	图 10-55	图 10-56

STEP 2 在"项目"面板中选中"字幕16"文件并将其拖曳到"时间轴"窗口中"视频4"轨道的"字幕15"文件的后面，如图 10-57 所示。在"节目"窗口中预览效果，如图 10-58 所示。

图 10-57	图 10-58

STEP 3 将时间指示器放置在6:00 s的位置，在"项目"面板中选中"19"文件并将其拖曳到"时间轴"窗口中的"视频6"轨道中，如图 10-59 所示。将鼠标指针放在"19"文件的结束位置，当鼠标指针呈 ◄ 状时，向后拖曳光标到与"字幕16"文件相同的位置上，如图 10-60 所示。

图 10-59	图 10-60

STEP 4 选中"19"文件，选择"效果控件"面板，展开"运动"选项，将"缩放"选项设置为

120.0，如图 10-61 所示。在"节目"窗口中预览效果，如图 10-62 所示。

图 10-61

图 10-62

STEP 5 在"项目"面板中选中"17"文件并将其拖曳到"时间轴"窗口中的"音频 1"轨道中，如图 10-63 所示。选择"剪辑 > 速度/持续时间"命令，弹出对话框，设置如图 10-64 所示，单击"确定"按钮，如图 10-65 所示。体育赛事集锦制作完成，效果如图 10-66 所示。

图 10-63

图 10-64

图 10-65

图 10-66

10.2 制作环球名胜博览

10.2.1 案例分析

使用"效果控件"面板改变视频的大小并制作位置动画；使用"编辑子剪辑"命令调整视频的长度；使用"字幕编辑面板"添加文字；使用"视频过渡"效果面板为视频添加过渡效果；使用"效果控件"面

板调整视频过渡；使用"新建颜色遮罩"命令添加白色遮罩背景；使用"添加轨道"命令添加需要的视频轨道；使用"视频效果"面板为视频添加特殊效果。

10.2.2 案例设计

本案例设计如图 10-67 所示。

图 10-67

10.2.3 案例制作

1. 制作节目片头

STEP 1 启动 Premiere Pro CC 软件，弹出"欢迎使用 Adobe Premiere Pro"欢迎界面，单击"新建项目"按钮 新建项目…，弹出"新建项目"对话框，设置"位置"选项，选择保存文件路径，在"名称"选项中输入文件名"环球名胜博览"，如图 10-68 所示，单击"确定"按钮。然后按<Ctrl>+<N>组合键，弹出"新建序列"对话框，在左侧的列表中展开"DV-NTSC"选项，选中"标准 48kHz"模式，如图 10-69 所示，单击"确定"按钮。

制作环球名胜博览 1

STEP 2 选择"文件 > 导入"命令，弹出"导入"对话框，选择素材中的"Ch09/制作环球名胜博览/素材/01~18"文件，单击"打开"按钮导入视频文件，如图 10-70 所示。导入后的文件将排列在"项目"面板中，如图 10-71 所示。

STEP 3 选择"文件 > 新建 > 字幕"命令，弹出"新建字幕"对话框，如图 10-72 所示。单击"确定"按钮，弹出字幕编辑面板。选择"文字"工具 T，在字幕工作区中输入需要的文字，在"字幕属性栏"中选择需要的字体和文字大小，在"字幕属性"面板中，将"倾斜"选项设为 10.0，填充颜色设置为咖啡色（其 R、G、B 的值分别为 130、55、2），其他设置如图 10-73 所示。关闭字幕编辑面板，新建的字幕文件自动保存到"项目"窗口中。

图 10-68

图 10-69

图 10-70

图 10-71

图 10-72

图 10-73

STEP 4 在"项目"面板中选中"15"文件，并将其拖曳到"时间轴"窗口中的"视频1"轨道中，如图 10-74 所示。将时间指示器放置在 5:00 s 的位置，在"项目"面板中选中"字幕 01"文件，并将其拖曳到"时间轴"窗口中的"视频 2"轨道中，如图 10-75 所示。

图 10-74   图 10-75

STEP 5 将时间指示器放置在 5:00 s 的位置，将鼠标指针放在"字幕 01"文件的结束位置，当鼠标指针呈 ◄┃ 状时，向后拖曳光标到 5:00 s 的位置上，如图 10-76 所示。选择"窗口 > 工作区 > 效果"命令，弹出"效果"面板，展开"视频过渡"特效分类选项，单击"擦除"文件夹前面的三角形按钮 ▶ 将其展开，选中"划出"特效，如图 10-77 所示。将"划出"特效拖曳到"时间轴"窗口中的"字幕 01"文件的开始位置，如图 10-78 所示。

图 10-76   图 10-77   图 10-78

STEP 6 选择"时间轴"窗口中的"划出"切换效果，选择"效果控件"面板，设置"持续时间"选项为 5:00，如图 10-79 所示。"时间轴"窗口中的效果如图 10-80 所示。

图 10-79   图 10-80

2. 添加环球名胜视频

STEP 1 将时间指示器放置在 11:15s 的位置，在"项目"面板中选中"01"文件，并将其拖曳到"时间轴"窗口中的"视频 1"轨道中，如图 10-81 所示。将时间指示器放置在 18:15s 的位置，将鼠标指针放在"01"文件的结束位置，当鼠标指针呈 ◀ 状时，向前拖曳光标到 18:15s 的位置上，如图 10-82 所示。

制作环球名胜博览 2

图 10-81

图 10-82

STEP 2 选择"序列 > 添加轨道"命令，弹出"添加轨道"对话框，设置如图 10-83 所示，单击"确定"按钮添加轨道，如图 10-84 所示。

图 10-83

图 10-84

STEP 3 将时间指示器放置在 11:15 s 的位置，在"项目"面板中选中"16"文件，并将其拖曳到"时间轴"窗口中的"视频 5"轨道中，如图 10-85 所示。将时间指示器放置在 1:05:17 s 的位置，将鼠标指针放在"16"文件的结束位置，当鼠标指针呈 ◀ 状时，向后拖曳光标到 1:05:17 s 的位置上，如图 10-86 所示。

图 10-85

图 10-86

STEP 4 选中"01"文件，选择"效果控件"面板，展开"运动"选项，将"缩放"选项设置为 145.0，如图 10-87 所示。在"节目"窗口中预览效果，如图 10-88 所示。

图 10-87 　　　　　　　　　　　　　　　图 10-88

STEP 5 在"项目"面板选中"02"文件并单击鼠标右键，在弹出的快捷菜单中选择"编辑子剪辑"命令，弹出对话框，将"结束时间"设为 4:00，如图 10-89 所示，单击"确定"按钮，剪辑文件。将时间指示器放置在 13:15 s 的位置，将剪辑后的"02"文件拖曳到"时间轴"窗口中的"视频 3"轨道中，如图 10-90 所示。

图 10-89 　　　　　　　　　　　　　图 10-90

STEP 6 选择"效果控件"面板，展开"运动"选项，将"位置"选项设置为 488.0 和-28.0，单击"位置"选项前面的记录动画按钮，如图 10-91 所示，记录第 1 个动画关键帧。将时间指示器放置在 15:06 s 的位置，将"位置"选项设置为 488.0 和 322.0，如图 10-92 所示，记录第 2 个动画关键帧。

图 10-91 　　　　　　　　　　　　图 10-92

STEP 7 将时间指示器放置在 16:25 s 的位置，单击"位置"选项右侧的"添加/移除关键帧"按钮，如图 10-93 所示，记录第 3 个动画关键帧。将时间指示器放置在 17:14 s 的位置，将"位置"选项设置为 488.0 和 555.0，如图 10-94 所示，记录第 4 个动画关键帧。

图 10-93　　　　　　　　　　　　图 10-94

STEP 8 在"效果"面板中展开"视频效果"特效分类选项，单击"扭曲"文件夹前面的三角形按钮 ▶ 将其展开，选中"变换"特效，如图 10-95 所示。将"变换"特效拖曳到"时间轴"窗口中的"02"文件上。选择"效果控件"面板，展开"变换"选项，将"缩放高度"和"缩放宽度"选项均设为 70.0，如图 10-96 所示。

图 10-95　　　　　　　　　　　　图 10-96

STEP 9 在"效果"面板中展开"视频效果"特效分类选项，单击"风格化"文件夹前面的三角形按钮 ▶ 将其展开，选中"粗糙边缘"特效，如图 10-97 所示。将"粗糙边缘"特效拖曳到"时间轴"窗口中的"02"文件上。选择"效果控件"面板，展开"粗糙边缘"选项，将"边缘类型"选项设为"尖刺"，"边框"选项设为 32.0，"边缘锐度"选项设为 0，其他选项的设置如图 10-98 所示。

STEP 10 在"项目"面板的选中"03"文件并单击鼠标右键，在弹出的快捷菜单中选择"编辑子剪辑"命令，弹出对话框，将"结束时间"设为 10:00，如图 10-99 所示，单击"确定"按钮，剪辑文件。将时间指示器放置在 18:15 s 的位置，将剪辑后的"03"文件拖曳到"时间轴"窗口中的"视频 2"轨道中，如图 10-100 所示。

图 10-97

图 10-98

图 10-99

图 10-100

STEP 11 选择"时间轴"窗口中的"03"文件，选择"效果控件"面板，展开"运动"选项，将"位置"选项设置为 377.0 和 240.0，"缩放"选项设为 145.0，如图 10-101 所示。在"节目"窗口中预览效果，如图 10-102 所示。

图 10-101

图 10-102

STEP 12 将时间指示器放置在 21:13 s 的位置，选择"剃刀"工具 ，在 03 文件的适当位置单击鼠标切割文件，如图 10-103 所示。将时间指示器放置在 22:28 s 的位置，在 03 文件的适当位置再次单击鼠标切割文件，如图 10-104 所示。

图 10-103

图 10-104

STEP 13 选择"文件 > 新建 > 颜色遮罩"命令，弹出"新建颜色遮罩"对话框，如图 10-105 所示。单击"确定"按钮，弹出"拾色器"对话框，设置遮罩颜色为白色，如图 10-106 所示。单击"确定"按钮，弹出"选择名称"对话框，输入"白底"，如图 10-107 所示。单击"确定"按钮，在"项目"面板中添加一个"白底"层，如图 10-108 所示。

图 10-105

图 10-106

图 10-107

图 10-108

STEP 14 将时间指示器放置在 18:15 s 的位置，在"项目"面板中选中"白底"文件，并将其拖曳到"时间轴"窗口中的"视频 1"轨道中，如图 10-109 所示。将鼠标指针放在"白底"文件的结束位置，当鼠标指针呈 状时，向后拖曳光标到与第 2 个"03"文件相同的位置上，如图 10-110 所示。

图 10-109

图 10-110

STEP 15 在"效果"面板中展开"视频效果"特效分类选项，单击"风格化"文件夹前面的三角形按钮▶将其展开，选中"阈值"特效，如图 10-111 所示。将"阈值"特效拖曳到"时间轴"窗口中的"03"文件上，如图 10-112 所示。选择"效果控件"面板，展开"阈值"选项，将"级别"选项设为146，如图 10-113 所示。在"节目"窗口中预览效果，如图 10-114 所示。

图 10-111

图 10-112

图 10-113

图 10-114

STEP 16 将时间指示器放置在 21:15 s 的位置，在"效果"面板中展开"视频效果"特效分类选项，单击"风格化"文件夹前面的三角形按钮▶将其展开，选中"查找边缘"特效，如图 10-115 所示。将"查找边缘"特效拖曳到"时间轴"窗口中的第 2 个"03"文件上，如图 10-116 所示。选择"效果控件"面板，展开"查找边缘"选项，将"与原始图像混合"选项设为 11%，如图 10-117 所示。在"节目"窗口中预览效果，如图 10-118 所示。

图 10-115

图 10-116

图 10-117   图 10-118

STEP 17 将时间指示器放置在 23:22 s 的位置，在"项目"面板的选中"04"文件并单击鼠标右键，在弹出的快捷菜单中选择"编辑子剪辑"命令，弹出对话框，将"结束时间"设为 3:24，如图 10-119 所示，单击"确定"按钮剪辑文件。在"项目"面板中选中"04"文件，并将其拖曳到"时间轴"窗口中的"视频 3"轨道中，如图 10-120 所示。

图 10-119   图 10-120

STEP 18 选择"效果控件"面板，展开"运动"选项，将"位置"选项设置为-14.0 和 305.0，"缩放"选项设为 70.0，单击"位置"选项前面的记录动画按钮，如图 10-121 所示，记录第 1 个动画关键帧。将时间指示器放置在 24:26 s 的位置，将"位置"选项设置为 488.0 和 305.0，如图 10-122 所示，记录第 2 个动画关键帧。将时间指示器放置在 26:19 s 的位置，单击"位置"选项右侧的"添加/移除关键帧"按钮，如图 10-123 所示，记录第 3 个动画关键帧。将时间指示器放置在 27:15 s 的位置，将"位置"选项设置为 777.0 和 305.0，如图 10-124 所示，记录第 4 个动画关键帧。

图 10-121

STEP 19 将时间指示器放置在 25:20 s 的位置，在"效果"面板中展开"视频效果"特效分类选项，单击"风格化"文件夹前面的三角形按钮▶将其展开，选中"粗糙边缘"特效，如图 10-125 所示。将"粗糙边缘"特效拖曳到"时间轴"窗口中的"04"文件上，如图 10-126 所示。

图 10-122

图 10-123

图 10-124

图 10-125

图 10-126

STEP 20 选择"效果控件"面板，展开"粗糙边缘"选项，将"边缘类型"选项设为"锈蚀"，"边框"选项设为 32.0，"边缘锐度"选项设为 2.00，其他选项的设置如图 10-127 所示。在"节目"窗口中预览效果，如图 10-128 所示。

图 10-127

图 10-128

STEP 21 将时间指示器放置在 25:20 s 的位置，在"效果"面板中展开"视频效果"特效分类选项，单击"风格化"文件夹前面的三角形按钮 ▶ 将其展开，选中"曝光过渡"特效，如图 10-129 所示。将"曝光过渡"特效拖曳到"时间轴"窗口中的"04"文件上，如图 10-130 所示。

图 10-129

图 10-130

STEP 22 选择"效果控件"面板，展开"曝光过渡"选项，将"阈值"选项设为 50，其他选项的设置如图 10-131 所示。在"节目"窗口中预览效果，如图 10-132 所示。

图 10-131

图 10-132

STEP 23 在"项目"面板的选中"05"文件并单击鼠标右键，在弹出的快捷菜单中选择"编辑子剪辑"命令，弹出对话框，将"结束时间"设为 8:00，如图 10-133 所示，单击"确定"按钮，剪辑文件。在"项目"面板中选中"05"文件，并将其拖曳到"时间轴"窗口中的"视频 2"轨道中，如图 10-134 所示。

图 10-133

图 10-134

STEP 24 将时间指示器放置在 29:00 s 的位置，选择"效果控件"面板，展开"运动"选项，将"缩放"选项设为 150.0，如图 10-135 所示。在"节目"窗口中预览效果，如图 10-136 所示。

图 10-135　　　　　　　　　　　　　　　图 10-136

STEP 25 在"项目"面板的选中"06"文件并单击鼠标右键，在弹出的快捷菜单中选择"编辑子剪辑"命令，弹出对话框，将"结束时间"设为 4:17，如图 10-137 所示，单击"确定"按钮，剪辑文件。在"项目"面板中选中"06"文件，并将其拖曳到"时间轴"窗口中的"视频 3"轨道中，如图 10-138 所示。

图 10-137　　　　　　　　　　　　　　　图 10-138

STEP 26 将时间指示器放置在 28:28 s 的位置，选择"效果控件"面板，展开"运动"选项，将"位置"选项设置为 223.0 和 513.0，"缩放"选项设为 60.0，单击"位置"选项前面的记录动画按钮 ◎，如图 10-139 所示，记录第 1 个动画关键帧。将时间指示器放置在 29:28 s 的位置，将"位置"选项设置为 223.0 和 333.0，如图 10-140 所示，记录第 2 个动画关键帧。

图 10-139　　　　　　　　　　　　　　　图 10-140

STEP 27 将时间指示器放置在 31:28 s 的位置，单击"位置"选项右侧的"添加/移除关键帧"按钮 ◇，如图 10-141 所示，记录第 3 个动画关键帧。将时间指示器放置在 33:16 s 的位置，将"位置"选项设置为 223.0 和−17.0，如图 10-142 所示，记录第 4 个动画关键帧。

图 10-141

图 10-142

STEP 28 在"项目"面板的选中"07"文件并单击鼠标右键，在弹出的快捷菜单中选择"编辑子剪辑"命令，弹出对话框，将"结束时间"设为 4:17，如图 10-143 所示，单击"确定"按钮，剪辑文件。在"项目"面板中选中"07"文件，并将其拖曳到"时间轴"窗口中的"视频 4"轨道中，如图 10-144 所示。

图 10-143

图 10-144

STEP 29 将时间指示器放置在 28:28 s 的位置，选择"效果控件"面板，展开"运动"选项，将"位置"选项设置为 223.0 和−15.0，"缩放"选项设为 60.0，单击"位置"选项前面的记录动画按钮 ⊙，如图 10-145 所示，记录第 1 个动画关键帧。将时间指示器放置在 29:28 s 的位置，将"位置"选项设置为 223.0 和 163.0，如图 10-146 所示，记录第 2 个动画关键帧。

图 10-145

图 10-146

STEP 30 将时间指示器放置在 31:28 s 的位置，单击"位置"选项右侧的"添加/移除关键帧"按钮 ◈，如图 10-147 所示，记录第 3 个动画关键帧。将时间指示器放置在 33:16 s 的位置，将"位置"选项设置为 223.0 和 505.0，如图 10-148 所示，记录第 4 个动画关键帧。用相同的方法编辑文件并将其拖曳到适当的位置，如图 10-149 所示。

图 10-147　　　　　　　　　　图 10-148

图 10-149

STEP 31 选择"窗口 > 工作区 > 效果"命令，弹出"效果"面板，展开"视频过渡"特效分类选项，单击"溶解"文件夹前面的三角形按钮 ▶ 将其展开，选中"交叉溶解"特效，如图 10-150 所示。将"交叉溶解"特效拖曳到"时间轴"窗口中的"15"文件的结束位置和"01"文件的开始位置，如图 10-151 所示。选择"时间轴"窗口中的"交叉溶解"切换效果，选择"效果控件"面板，设置"持续时间"选项为 2:00，如图 10-152 所示。用相同的方法在其他位置添加效果过渡，如图 10-153 所示。

图 10-150　　　　　　　　　图 10-151　　　　　　　　　图 10-152

图 10-153

3. 制作片尾和音频

STEP 1 选择"文件 > 新建 > 字幕"命令，弹出"新建字幕"对话框，如图 10-154 所示。单击"确定"按钮，弹出字幕编辑面板。选择"文字"工具 $\boxed{T}$ ，在字幕工作区中输入需要的文字，在"字幕样式"面板中选择需要的样式，在"字幕属性栏"中选择需要的字体和文字大小，如图 10-155 所示。

制作环球名胜博览 3

图 10-154

图 10-155

STEP 2 在"字幕属性"面板中，将"倾斜"选项设为 10.0，其他选项的设置如图 10-156 所示。在字幕工作区中预览效果，如图 10-157 所示。

图 10-156

图 10-157

STEP 3 选择"文字"工具 T，在字幕工作区中输入需要的文字，在"字幕样式"面板中选择需要的样式，在"字幕属性栏"中选择需要的字体和文字大小，如图 10-158 所示。在"字幕属性"面板中，将"倾斜"选项设为 10.0，其他选项的设置如图 10-159 所示。关闭字幕编辑面板，新建的字幕文件自动保存到"项目"窗口中。

图 10-158

图 10-159

STEP 4 将时间指示器放置在 1:02:05 s 的位置，在"项目"面板中选中"字幕 02"文件，并将其拖曳到"时间轴"窗口中的"视频 3"轨道中，如图 10-160 所示。将鼠标指针放在"字幕 02"文件的结束位置，当鼠标指针呈 ◄ 状时，向前拖曳光标到与 14 文件相等的位置上，如图 10-161 所示。

图 10-160

图 10-161

STEP 5 在"项目"面板中选中"18"文件，并将其拖曳到"时间轴"窗口中的"音频 1"轨道中，如图 10-162 所示。环球名胜博览制作完成。

图 10-162

10.3 课堂练习——制作儿歌 MV

练习知识要点

使用"字幕"命令添加并编辑文字；使用"效果控件"面板编辑视频的位置、缩放和不透明度；使用"闪光灯"特效为视频添加闪光效果，并制作闪光灯的动画效果；使用"低通"命令制作音频低音效果。儿歌 MV 效果如图 10-163 所示。

效果所在位置

资源包/Ch10/儿歌 MV. prproj。

图 10-163

儿歌 MV1

儿歌 MV2

10.4 课后习题——制作糕点相册

⊕ 习题知识要点

使用"字幕"命令添加并编辑文字；使用"效果控件"面板编辑视频的位置、定位点和不透明度制作动画效果；使用不同的转场命令制作视频之间的转场效果；使用"弯曲"特效为 02 视频添加弯曲效果；使用"移除遮罩"特效将原有的遮罩移除。糕点相册效果如图 10-164 所示。

⊕ 效果所在位置

资源包/Ch10/糕点相册. prproj。

图 10-164

糕点相册 1

糕点相册 2